Oui aux voitures propres

CHALLENGE BIBENDUM

Oui aux voitures propres

HOËBEKE

Enquête et rédaction : Olivier Darmon

ISBN : 2-84230-127-7

Avant-propos

Air pur ou voiture ? Mon choix est clair : les deux !

Je ne pense pas être le seul à répondre ainsi. Comment s'étonner d'ailleurs du succès de l'automobile ? En conférant aux déplacements souplesse, rapidité et confort, elle a été au cœur du développement de la société du XXe siècle. Elle est également devenue le symbole de la liberté individuelle et familiale.

En marge de ce succès, l'essor de l'automobile a-t-il généré des nuisances environnementales ? Oui ! Du bruit, des embouteillages à certaines heures, des émissions polluantes… Mais les progrès actuels sont spectaculaires et ils se poursuivent. Les voitures récentes sont beaucoup plus silencieuses. Et les experts sont unanimes : d'ici à 2005, les effets conjoints du renouvellement du parc et des avancées technologiques diviseront par deux la pollution urbaine d'origine automobile dans les pays industrialisés.

Quant au phénomène planétaire d'effet de serre, oui, l'automobile produit du CO_2 *mais elle est loin d'en être la source principale. Que cela ne nous dispense pas toutefois d'être attentifs aux alertes de la communauté scientifique internationale. Il est essentiel de réduire ces émissions de* CO_2 *quand bien même la connaissance de l'ensemble des mécanismes d'évolution climatique demeure encore parcellaire.*

Tous les professionnels de l'industrie automobile ont engagé des programmes de recherches ambitieux dont les fruits arrivent sur le marché : véhicules à très faibles émissions, véhicules hybrides, piles à combustible... Comme le montre ce livre, il s'agit de solutions aptes à apaiser nos inquiétudes relatives au phénomène d'effet de serre et à l'utilisation exclusive des énergies non renouvelables. Ces véhicules seront aussi plus intelligents, plus interactifs et plus sûrs. En outre, une prise de conscience émerge et le rapport individuel à l'automobile est appelé à évoluer.

Le Challenge Bibendum a été créé en 1998 pour le centenaire du « bonhomme Michelin » afin d'établir que l'automobile dont nous rêvons, sans nuisance et réconciliée avec ses différents environnements, est en passe de devenir une réalité. À nous tous d'en accélérer l'avènement !

Hier, l'invention du pneumatique avait permis l'envolée de l'automobile. Demain, le pneumatique demeurera encore un élément majeur de ses progrès et en particulier de son efficacité énergétique. Voilà pourquoi je suis convaincu que Michelin, présent aux côtés de tous les grands constructeurs mondiaux, devait s'engager afin de promouvoir ce qui apparaît désormais indissociable : la mobilité et le respect de l'environnement.

Alors... oui au Challenge Bibendum... et... oui aux voitures propres !

Édouard Michelin

Préambule

Les constructeurs automobiles et leurs partenaires, les fabricants de pneumatiques, les équipementiers et les fournisseurs d'énergie, sont engagés dans un processus d'économie énergétique sans précédent.

Même si, en matière de pollution locale, dans les concentrations urbaines en particulier, l'impact des voitures récentes sur l'environnement a été réduit dans des proportions considérables, les conclusions des études menées par le Groupe d'experts intergouvernemental sur l'évolution du climat (ou International Panel on Climate Change / IPCC) mis en place par l'ONU demeurent préoccupantes. Elles invitent tous les acteurs économiques responsables à s'efforcer de réduire les émissions gazeuses liées aux activités humaines qui pourraient contribuer à créer un effet de serre « additionnel » ou à accélérer l'appauvrissement de la couche d'ozone. En effet, la modification de la composition chimique de l'atmosphère due potentiellement aux activités humaines s'avère significative depuis la période de forte croissance qui caractérise les Trente Glorieuses en Occident. Industriels et hommes politiques ont donc compris que laisser s'accélérer cette évolution reviendrait à exposer l'humanité à des problèmes graves.

La consommation mondiale d'énergie, aujourd'hui de l'ordre de 8,4 milliards de « tonnes équivalent-pétrole » (tep) est évaluée à 27 milliards de tonnes par an à l'horizon 2020, comprenant 85 % à 90 % d'énergies fossiles (pétrole, charbon, gaz naturel), une progression supérieure à 200 %. Or, ces ressources ne sont pas inépuisables : pour ce qui concerne le pétrole, elles sont assurées, selon les estimations, pour une durée comprise entre cinquante et cent vingt ans au mieux. Il apparaît donc hasardeux de prétendre répondre à long terme à une consommation croissante sans le recours à des énergies alternatives. En outre, il est impossible de s'engager dès à présent dans un processus de réduction de l'effet de serre sans envisager le développement de ces mêmes énergies alternatives. Quant à l'automobile, rappelons que celle-ci est actuellement dépendante à 98 % du pétrole et que 85 % des transports dans le monde se font par route.

Depuis le premier choc pétrolier, la croissance économique et la hausse du niveau de vie se sont traduites par une augmentation de 60 % de la consommation pétrolière. Le transport des biens et la mobilité des personnes figurent parmi les conditions de cette croissance. En vingt ans, les immatriculations de voitures particulières ont progressé de 40 % en Europe. Durant la même période aux États-Unis, les immatriculations des berlines ont été stables ; en revanche, celles des véhicules « utilitaires » de type « pick-up » et « Sport Utility Vehicles » (SUV) ont augmenté de 250 %. Quant au développement et à l'accès à la mobilité des pays émergents que sont l'Inde, la Chine et le Brésil, où réside plus de la moitié de la population mondiale, ils ne font que débuter. Un quasi triplement du parc automobile actuel est prévu pour 2020, soit 1,5 milliard de véhicules sur les routes. Ces effets de volume attendus confrontent, de plus en plus, les constructeurs à l'importance de leurs responsabilités. Ainsi, il ne fait pas de doute que la demande automobile croissante dans les pays en voie de développement devrait être, en toute logique, rapidement satisfaite par une offre de véhicules adoptant les technologies les plus performantes, c'est-à-dire les plus économes en énergie.

Si l'automobile veut rester le symbole de liberté individuelle qu'elle est depuis les années 1950, elle n'a pas d'autre possibilité que de prendre en compte les risques de crise qui se profilent.

Depuis la conférence de Rio en 1992, les différents secteurs de l'économie, dont l'industrie automobile, sont officiellement engagés dans la voie du développement durable. La branche automobile se concentre sur la mise au point de voitures propres. Les premières d'entre elles sont déjà sur le marché et l'offre est appelée à se diversifier considérablement d'ici trois à quatre ans.

Au-delà de la maîtrise des émissions polluantes, de l'effet de serre et de la consommation d'énergies fossiles, l'automobile doit aussi prendre en compte la tendance lourde d'urbanisation de la population. En 1950, New York était la seule ville dépassant les 10 millions d'habitants. Elles sont actuellement une vingtaine et seront bientôt trente. L'exode rural massif qui a caractérisé le XXe siècle semble irréversible. Gardons toutefois à l'esprit que, sans l'automobile, il ne fait aucun doute que cet exode rural serait encore bien plus sensible. En effet, l'automobile, souvent le seul moyen de déplacement hors des villes, participe activement au maintien d'une activité économique dans les zones démographiques les moins denses.

À l'horizon 2025, les Nations unies estiment que 61 % de la population mondiale sera citadine, contre

10 % en 1900. Ce bouleversement du taux d'urbanisation place l'automobile face à des enjeux qui, pour être déjà bien connus, se posent désormais dans toute leur acuité. Il s'agit notamment de la maîtrise des émissions toxiques, du bruit des véhicules et des nombreuses interrogations relatives au trafic en ville. La sécurité des piétons et des cyclistes, les difficultés de circulation et de stationnement dans les centres urbains sont autant de questions qui, parmi bien d'autres, établissent la nécessité d'une réflexion sereine sur la place à dédier à la voiture dans la ville de demain. À cet égard, l'intermodalité associée à des transports propres, confortables et sûrs peut constituer l'avenir de la mobilité urbaine.

Conscients qu'une politique de statu quo risquerait de pervertir et finalement de compromettre la mobilité elle-même, les constructeurs sont donc de plus en plus attentifs à l'impact écologique, économique et social induit par un trafic croissant. Autrement dit, diaboliser l'automobile est aussi peu constructif que de la statufier.

Éclairer sur les recherches et aborder les diverses questions posées par le développement de la voiture, tel est l'objectif de cet ouvrage.

À l'initiative du Challenge Bibendum, la première manifestation annuelle à organiser la compétition de véhicules propres, il souhaite informer le plus grand nombre sur les enjeux de l'automobile de demain.

1

Une planète à protéger

De Stockholm à Bonn, chronologie d'une prise de conscience

Au cours des trente dernières années, notre relation avec la nature s'est radicalement modifiée. Notre conception d'une nature prolifique où il suffisait de puiser s'est effondrée devant une réalité plus sombre : le milieu est fragile et son équilibre est dépendant de l'activité humaine. Les travaux scientifiques ont joué un rôle déterminant dans cette prise de conscience. La connaissance approfondie du mécanisme d'effet de serre et de son impact planétaire a alerté l'opinion publique et la communauté internationale. L'environnement qui supposait jadis une certaine proximité de l'homme et du milieu est devenu une problématique mondiale où se concentrent désormais les enjeux économiques, politiques et sociaux de la planète. Cette situation inédite projette les décisions à prendre aujourd'hui dans un horizon spatio-temporel d'une ampleur sans précédent : elles impliquent non seulement les relations entre nations, sociétés et individus, mais aussi le sort des générations futures.

Au début des années 1970, avant la crise pétrolière, la sensibilité écologique de la population est encore faible. Elle dépasse rarement le souhait de voir mieux protéger les espèces en voie de disparition, ou les sites menacés par une pollution locale. Seule la parution du rapport de Donella et Dennis Meadows du Massachusetts Institute of Technology émet un son discordant. Réalisé sous les auspices du Club de Rome, leur travail, intitulé « The Limits to Growth » (traduit en français par « Halte à la croissance »), alerte l'opinion sur une problématique plus globale. Il établit un lien entre la poursuite de la croissance et l'augmentation continue de la population d'une part, la détérioration de l'environnement et l'épuisement des ressources naturelles d'autre part. Ses prédictions catastrophistes et ses conclusions prônant une « croissance zéro » sont vivement critiquées.

Dans les programmes des partis politiques, quels qu'ils soient, l'environnement est traité en quelques lignes. Signe des temps, les pays à s'être dotés d'un ministère ou d'une structure équivalente pour examiner les questions environnementales sont rares : une vingtaine seulement en 1972, dont la France, premier pays au monde à créer un ministère de l'Environnement, celui de Robert Poujade en janvier 1971... que certains estiment d'ailleurs inutile et « à supprimer » dès l'année suivante. La déforestation ou, pour le sujet qui nous intéresse ici, la raréfaction des énergies non renouvelables comme le pétrole ne constituent pas une préoccupation majeure du grand public.

Il est vrai qu'aucune crise n'est encore venue perturber l'expansion soutenue de la jeune industrie pétrolière. Bon marché du fait de son abondance, de la maîtrise de sa production et de sa transformation, le pétrole paraît couler d'une source vouée à ne jamais se tarir. Quant à l'effet de serre et aux émissions de CO_2, personne n'en parle encore. En Europe, une voiture populaire comme la Coccinelle de Volkswagen n'est pas loin de consommer 12 litres aux 100 km ; quant à sa remplaçante, la première Golf 6 CV, présentée par la publicité comme la « voiture universelle », elle est annoncée pour 9 litres aux 100 km… Un véhicule économe en carburant, comparé aux belles américaines pour lesquelles une consommation de l'ordre de 16 litres aux 100 km est banale.

Cet optimisme ambiant si caractéristique des Trente Glorieuses sera contrarié par le premier choc pétrolier de 1973. Il vient rappeler aux pays importateurs leur dépendance énergétique et fait surgir une notion jusqu'alors ignorée de tous : celle des économies d'énergie. Un grand nombre d'entre eux adoptent leurs premiers décrets relatifs à la limitation de vitesse, leurs gouvernements sont enclins à normaliser la consommation de carburant des automobiles tandis que les constructeurs commencent à développer des moteurs moins gourmands. Ces mesures nationales que certains imaginaient ponctuelles et limitées vont voir leur nécessité s'inscrire dans un phénomène d'une tout autre ampleur que la hausse du prix du baril : une prise de conscience mondiale du fait que l'humanité n'a à sa disposition qu'une seule Terre dont, idéalement, chacun devrait, à son échelon, se sentir responsable.

Stockholm, juin 1972. La première conférence mondiale de l'ONU sur l'environnement propulse l'idée même d'environnement au-devant de la scène internationale. Une Déclaration est établie sur le modèle de la Déclaration universelle des droits de l'homme. Son premier principe stipule que : « L'homme a un droit fondamental à la liberté, à l'égalité et à des conditions de vie satisfaisantes, dans un environnement dont la qualité lui permette de vivre dans la dignité et le bien-être. Il a le devoir solennel de protéger et d'améliorer l'environnement pour les générations présentes et futures. »

La Déclaration de Stockholm servira de modèle aux législateurs alors que la prise de conscience générale s'accélère de façon spectaculaire. Ainsi, l'ONU crée le Programme des Nations unies pour l'environnement (PNUE, ou United Nations Environment Programme/UNEP), organe d'impulsion et de coordination des préconisations de Stockholm mais aussi instance de surveillance de l'environnement à l'échelle mondiale. Celui-ci comprend, entre autres, le Système mondial de surveillance continue de l'environnement (Global Environment Monitoring System/GEMS), observatoire de la planète. Ainsi, des groupes de scientifiques constitués en réseau international vont surveiller les modifications climatiques, les sols, la faune, la végétation et les incidences des activités humaines sur l'environnement.

Simultanément, plusieurs institutions spécialisées des Nations unies inscrivent la défense de l'environnement parmi leurs préoccupations majeures et entreprennent de collaborer avec le PNUE. Il s'agit, entre autres, de l'Organisation mondiale de la santé (OMS) dont la vocation même touche l'environnement par de nombreux aspects, de l'Unesco dont le programme MAB (Man and Biosphère) vise à élucider les interactions entre l'homme et sa biosphère, et de l'Organisation météorologique mondiale (OMM) qui met en place des réseaux d'observations climatiques et météorologiques.

Après Stockholm, la décennie 1970 voit donc la notion d'environnement hissée au rang d'une valeur digne de protection et de vigilance. Dans le même mouvement, les questions environnementales semblent devoir, de plus en plus, être abordées à un niveau planétaire.

Cette propension à envisager désormais la protection de l'environnement à l'aune du cadre général de la biosphère terrestre tient pour beaucoup à certaines découvertes scientifiques. Ainsi est-ce le retentissement d'un article publié en juin 1974 dans la revue *Nature* par Paul Crutzen et Maria Molina (depuis distingués prix Nobel de chimie en 1995) qui alerta la communauté sur les processus modifiant la quantité d'ozone dans les différentes couches de l'atmosphère.

En mars 1985, cette dynamique de globalisation sera consolidée avec la convention de Vienne relative à la protection de la couche d'ozone. Il s'agit ici de programmer, au niveau international, la réduction, puis l'élimination totale à l'horizon 2000, des chlorofluorocarbures (CFC) utilisés dans l'industrie. Ils participent à un phénomène de diminution de la couche d'ozone aux conséquences néfastes pour la santé humaine et l'environnement, du fait d'une moindre filtration des rayons solaires ultraviolets.

La planète sous surveillance

Depuis sa création en 1972, le Programme des Nations unies pour l'environnement (PNUE) s'est doté d'un arsenal sophistiqué d'organismes de réflexion et d'observation du globe complété de plusieurs bases de données et de réseaux d'échanges internationaux.

En 1988, un nouvel élément vient soutenir cette charpente de surveillance de la planète : la création de l'International Panel on Climate Change (IPCC), ou Groupe d'experts intergouvernemental sur l'évolution du climat. Appelé à jouer un rôle déterminant dans la connaissance du mécanisme d'effet de serre, l'IPCC compte près de 2 000 membres. Sa mission consiste à évaluer les données scientifiques disponibles sur l'évolution du climat, mais aussi à en apprécier les incidences écologiques et socio-économiques afin de formuler des stratégies possibles de prévention et d'adaptation.

À divers échelons, ce dispositif international complexe est désormais relayé et étendu tant par une profusion d'organismes nationaux, de missions spécialisées, de commissions interministérielles que par un grand nombre d'organisations non gouvernementales jouant aussi un rôle actif dans ce processus continu de réflexion sur l'état du globe.

Parmi la noria d'expertises et de rapports que produisent ces partenaires, l'un d'entre eux, publié en 1987 et intitulé « Notre avenir à tous », marque particulièrement les esprits. Il émane de la Commission mondiale sur l'environnement et le développement établie par l'ONU, et présidée par Mme Gro Harlem Brundtland, Premier ministre de la Norvège. 21 commissaires de toutes les parties du monde la composent, 6 venant des pays riches occidentaux, 3 des pays de l'Est, 12 des pays en voie de développement. Outre le ton direct de leur rapport qui souligne sans appel que nous « empruntons un capital écologique aux générations à venir, en sachant pertinemment que nous ne pourrons jamais le leur rembourser », ce texte fait date en considérant comme primordial de relier la protection de l'environnement au développement économique : « Le développement ne peut se maintenir si la base de ressources ne fait que se détériorer ; l'environnement ne peut être protégé si la croissance ne tient pas compte du coût de la destruction de l'environnement. » Autrement dit, la croissance n'est pas la condition suffisante du développement, elle doit être accompagnée d'une démarche écologiquement responsable. Le rapport Brundtland prône un « développement durable », expression promise à un bel avenir, qui vise à rendre compatible « la satisfaction des besoins du présent [...] avec les intérêts des générations futures ».

Le Sommet de la Terre

En juin 1992 s'ouvre à Rio la deuxième conférence de l'ONU sur l'environnement. Baptisée « Sommet de la Terre », elle réunit les représentants de 178 pays (dont 117 chefs d'État) et plus de 20 000 participants, dont de nombreuses organisations non gouvernementales. Ce « Sommet de la Terre » va constituer un événement historique par l'envergure et l'ampleur exceptionnelles des principes qu'il adopte. Dans la droite ligne du rapport Brundtland, la déclaration de Rio souligne le caractère indissociable de la protection de l'environnement et du processus de développement. Elle exhorte les États à coopérer dans un esprit de partenariat mondial en vue de protéger et de rétablir l'intégrité de l'écosystème terrestre. Elle met en évidence que « la Terre, foyer de l'humanité, constitue un tout marqué par l'interdépendance » et suggère de nouvelles pratiques visant à conserver un « environnement sûr » et à instituer un « développement durable » (*sustainable development*). Ce concept, devenu une référence incontournable dans les dispositions des conférences internationales qui suivront, marque une étape importante dans la protection de l'environnement dans la mesure où, après avoir gagné une dimension spatiale par la globalisation des perspectives de protection à l'échelle planétaire, le droit international de l'environnement trouve ici une nouvelle dimension temporelle, élargie aux générations à venir.

Parmi les documents signés à Rio, la Convention sur le changement climatique constitue, elle aussi, un événement clé dans la prise de conscience environnementale, concernant en particulier l'effet de serre. Il s'agit d'un phénomène naturel vital sans lequel la Terre serait inhabitable car la planète verrait alors sa température moyenne actuelle chuter de +15 °C à -18 °C. La vapeur d'eau et les gaz à effet de serre – dont le dioxyde de carbone (CO_2) est le plus important – sont présents naturellement dans l'atmosphère et permettent de retenir le rayonnement solaire. Chaque année, 770 milliards de tonnes de CO_2 d'origine naturelle participent au cycle naturel du carbone. Ce processus bénéfique ne cesse néanmoins de s'amplifier par le développement des activités humaines engendrant un déséquilibre potentiellement néfaste : on parle alors d'effet de serre additionnel et de l'origine anthropique des gaz à effet de serre. Il met en cause de nombreux gaz dont le principal est le CO_2 qui participe au phénomène à hauteur de 55 % [1]. Ce CO_2 additionnel provient, pour l'essentiel, de la combustion des énergies fossiles (charbon, pétrole, gaz), pour partie de certaines industries (la production de ciment, par exemple) mais également de la déforestation, notamment en zone tropicale. Ces émissions représentent aujourd'hui environ 28 milliards de tonnes de CO_2 par an.

1. Mais d'autres gaz jouent un rôle important, tel le méthane (CH_4), dont les sources d'émission sont l'élevage des ruminants, la culture du riz (dans la mesure où les zones humides émettent du méthane), les décharges d'ordures ménagères, le compostage et enfin les fuites de gaz naturel sur les exploitations pétrolières et gazières. Les autres gaz participant à l'effet de serre additionnel sont émis en plus faible quantité ; ils sont très variés car il s'agit de tous ceux ayant la propriété d'absorber le rayonnement infrarouge.

Dans son « objectif ultime », la Convention sur le changement climatique vise à « stabiliser les concentrations de gaz à effet de serre dans l'atmosphère à un niveau qui empêche toute perturbation anthropique dangereuse du système climatique ».

Autre pièce importante paraphée à Rio : l'Agenda 21, dont le suivi a été confié à la Commission du développement durable dans le cadre de l'ONU. Ce document fixe les objectifs à atteindre pour faire du développement durable une réalité du XXIe siècle. Parmi les chapitres consacrés aux partenaires de cette action, l'un d'entre eux – fait nouveau dans les conférences des Nations unies – concerne les entreprises, qui sont invitées à mettre en œuvre un « programme de recherche et développement sur les technologies et les produits propres ». Le Business Council for Sustainable Development (BCSD), représentant 48 grandes entreprises mondiales et présent à Rio avec la Chambre internationale du commerce, fusionnera peu après avec le World Industry Council for the Environment (WICE) pour créer le World Business Council for Sustainable Development (WBCSD). Celui-ci réunira plus de 150 groupes internationaux, parmi lesquels de grands constructeurs automobiles, des équipementiers et des pétroliers. Ainsi, l'après-Rio marquera-t-il un engagement des industries du secteur automobile en matière de développement durable, entre autre par la recherche d'une « éco-efficience », la prise en compte de critères environnementaux dans le développement industriel.

En adoptant, par ailleurs, le principe de précaution, Rio invite explicitement à l'action immédiate. C'est le sens de l'article 2 de la Convention sur le changement climatique stipulant que les États doivent systématiquement appliquer ce principe à la protection de l'environnement : « Quand il y a risque de perturbations graves ou irréversibles, l'absence de certitudes scientifiques absolues ne doit pas servir de prétexte pour remettre à plus tard l'adoption de mesures préventives effectives. Il incombe aux parties de prendre des mesures de précaution pour prévoir, prévenir ou atténuer les causes du changement climatique ou en limiter les effets néfastes. »

Cette notion est capitale car elle traduit la volonté d'écarter l'attentisme, qu'il s'appuie sur les incertitudes scientifiques pesant encore sur l'effet de serre ou sur certaines allégations suggérant qu'il serait économiquement rationnel de repousser dans l'avenir la maîtrise des émissions des gaz à effet de serre afin de l'effectuer à moindre coût.

En 1995, le Groupe d'experts intergouvernemental sur l'évolution du climat vient confirmer les préoccupations de Rio. Bien que certaines écoles contestent les modèles utilisés pour déduire les mécanismes d'évolution climatique, la publication de son deuxième rapport arrête une position que l'on peut considérer comme représentative de la communauté scientifique internationale. La température moyenne à la surface de la Terre s'est réchauffée d'un demi-degré depuis la fin du XIXe siècle ; elle a augmenté plus vite en cent ans que lors des dix mille dernières années, et ce processus serait lié à l'activité humaine, en particulier aux émissions anthropiques de gaz à effet de serre, dont le gaz carbonique (CO_2).

Les émissions de gaz à effet de serre d'origine humaine sont en augmentation régulière depuis le début de l'ère industrielle. Le taux de CO_2 présent dans l'atmosphère est actuellement de 360 ppm (parties par million). Il a augmenté de 31 % depuis 1750, et son rythme d'accroissement est de 1,5 ppm par an depuis vingt ans.

L'évolution du climat, reconnu deux ans auparavant comme « un problème de dimension planétaire sans précédent » par la IIe Conférence mondiale sur le climat, réunie à Genève en 1990, ne cessera dès lors d'être au premier rang des préoccupations environnementales – avec son corrélat : la baisse des consommations des énergies fossiles, responsables majeures de la production de CO_2 anthropique. Pour ce qui concerne spécifiquement l'automobile équipée de moteur à combustion interne, réduire les émissions de CO_2 revient à réduire la consommation de carburant. L'émission de CO_2 d'un véhicule, qui s'évalue en grammes produits par kilomètre parcouru, est une mesure directe de la consommation de son moteur.

À l'échelle planétaire, les 28 milliards de tonnes de CO_2 d'origine anthropique émises chaque année proviennent entre autres pour 25 % des centrales thermiques, pour 23 % des activités domestiques, pour 21 % de l'industrie et pour 17 % de l'ensemble de la circulation routière (voitures et camions). Cependant, cette répartition moyenne est évidemment variable selon le niveau des économies nationales. Ainsi, la contribution de la circulatoin routière est à revoir à la hausse dans les pays industrialisés. La densité du parc automobile mondial est en effet très inégale : si l'on compte une automobile pour 10 habitants dans le monde, on en dénombre une pour 2 habitants dans les pays riches et seulement une pour 50 habitants dans les pays en voie de développement, soit un écart de 1 à 25.

Ainsi au sein de l'Union européenne, la répartition des émissions de CO_2 par secteur est-elle la suivante[1] :

1. OCDE (Organisation de coopération et de développement économiques), 1997

centrales thermiques et électriques (31 % des émissions brutes), circulation routière (24 %), résidentiel/tertiaire (21 %), industrie (17 %).

Quant aux États-Unis[1], la circulation routière y serait responsable de 32 % des émissions de CO_2. À l'échelle mondiale, on constate que l'activité et la consommation de transports tous modes confondus (routier, aérien, maritime, rail) restent sur une pente en forte croissance, de l'ordre de 2,4 % par an dans le monde (1,8 % pour les pays de l'OCDE, 4,4 % dans les pays en développement) et représente 50 % des consommations pétrolières. Quant à l'automobile en particulier, son développement est tout aussi important.

En décembre 1995, le rapport de l'IPCC est approuvé mot à mot par les représentants de 116 gouvernements, de 13 organisations intergouvernementales et de 25 organisations non gouvernementales. Malgré les réserves de certains scientifiques mettant en exergue les incertitudes persistantes liées à l'inertie du climat, il est néanmoins considéré comme la référence en l'état actuel des connaissances. Son analyse du mécanisme d'effet de serre additionnel met en évidence qu'à défaut d'un programme mondial de réduction des gaz à effet de serre, une altération significative du climat est à prévoir à l'horizon 2100. Elle se traduirait par une hausse des températures et ses effets multiples s'avéreraient pour certains irréversibles : une modification des écosystèmes régionaux, une augmentation des sécheresses et une crise d'accès à l'eau pour de nombreux pays, ainsi qu'une montée du niveau de la mer, qui provoquerait l'inondation de zones littorales basses. Enfin, les conséquences d'un

1. Energy Information Administration, 1997.

réchauffement de la planète, qui porteraient pour une grande part sur les pays du Sud, ne seraient pas exclusivement écologiques mais aussi économiques, sociales et politiques.

En dépit du consensus, la question est loin d'être réglée. De Stockholm à Rio, en effet, la prise de conscience planétaire s'est réalisée dans un climat conflictuel tel que la détermination effective d'objectifs précis susceptibles de diminuer la production des gaz à effet de serre n'est toujours pas acquise. Les oppositions Nord-Sud demeurent très marquées. Pour résumer, les pays gros consommateurs de charbon (ex-URSS, Chine, Inde) sont réticents à modifier leur politique nationale de développement pour lutter contre des dégradations de l'environnement. À leurs yeux, leurs chances de rattrapage économique ne sauraient être hypothéquées au nom d'un tel impératif – à moins que ne soit accordée, en contrepartie, une aide massive à leurs industries, pour faire face au surcroît de dépenses qu'entraînerait le respect de leurs obligations en matière de protection de l'environnement… De Stockholm à Rio, la souveraineté de l'État sur ses ressources naturelles a été réaffirmée avec force par les pays en voie de développement. Une réaction compréhensible qui traduit toute la difficulté de la mise en œuvre d'un « développement durable », projet qui, par nature, entretient un rapport particulier au temps, engendrant une source importante de contraintes au présent pour un bénéfice qui, lui, relève du long terme.

Quoi qu'il en soit, le processus des négociations internationales prévues au calendrier de Rio se poursuit. En décembre 1997, la conférence de Kyoto sur le réchauffement climatique propose une nouvelle étape dans la protection de l'atmosphère. En effet, le protocole signé à Kyoto (mais non ratifié[1]) quantifie cette fois précisément la limitation des gaz à effet de serre[2]. Il concerne les seuls pays industrialisés et prévoit, à l'horizon 2012, une réduction moyenne de 5,2 % de l'émission des six principaux gaz à effet de serre (8 % pour l'Union européenne, 7 % pour les États-Unis et 6 % pour le Japon et le Canada). Aucune limite n'est appliquée aux pays en voie de développement parmi lesquels la Chine, l'Inde, le Brésil, le Mexique, l'Indonésie, etc., dont la consommation par personne de combustibles fossiles est jugée encore relativement basse.

En novembre 1998, lors de la conférence de Buenos Aires, la mise en œuvre effective du protocole de Kyoto est différée, la conférence débouchant sur un simple plan de discussion des questions à régler lors de la prochaine conférence du calendrier. Les États-Unis réaffirment que leurs engagements de réduction des émissions de gaz à effet de serre pris à Kyoto ne pourront être tenus que si les parties satisfont à deux exigences fondamentales : premièrement, l'implication des pays en voie de développement dans les négociations sur la réduction des émissions anthropiques (leur volume devrait atteindre 50 % des émis-

1. La mise en œuvre d'un protocole d'accord international se déroule en trois étapes. Une phase de discussions et de négociations entre les parties, la signature du document qui en émane – le protocole – par le représentant de chaque État et, enfin, sa ratification proprement dite. Cette dernière étape, qui constitue la validation du protocole par le pouvoir exécutif de l'État signataire, est soumise à l'autorisation préalable de son parlement. Autrement dit, la phase de signature ne représente qu'une étape intermédiaire (et, en ce sens, non suffisante) vers la mise en œuvre effective du protocole signé.

2. Le protocole de Kyoto s'applique à six gaz à effet de serre (ou GES), à savoir les trois principaux GES libérés par les activités humaines (le dioxyde de carbone, le protoxyde d'azote et le méthane) et trois autres gaz rejetés en faibles quantités mais qui sont persistants et extrêmement puissants (les hydrofluorocarbures, les perfluorocarbures et l'hexafluorure de soufre).

sions mondiales en 2015 et avoisiner les 70 % à la fin du siècle) ; deuxièmement, la création rapide du « marché des droits d'émission » prévu par le protocole. Dans le cadre du respect des quotas de réduction attribués à chacun, il s'agit d'un système d'échange contractuel des émissions polluantes qui implique exclusivement les pays, pour la plupart développés, de l'annexe 1 du protocole[1]. De leur côté, les Européens considèrent que les objectifs de réduction devraient être atteints en priorité à l'aide d'efforts domestiques, sur le territoire des États concernés, par des mesures nationales d'économie d'énergie. Aussi jugent-ils que les autres mécanismes « flexibles » prévus au protocole de Kyoto, comme les droits d'émissions échangeables, sont en quelque sorte subsidiaires, ne devant être utilisés que de manière complémentaire et plafonnée.

Une pression qui s'accroît

Le protocole de Kyoto n'a toujours pas été ratifié, et l'échec, en novembre 2000, de la conférence internationale sur le climat tenue à La Haye a laissé les négociations dans une impasse. Européens et Américains n'ont pas pu se mettre d'accord sur la prise en compte des « puits de carbone », un des autres mécanismes flexibles envisagés, visant à inclure les forêts et les terres agricoles dans le calcul de la contribution à l'effet de serre additionnel. Arbres et plantes

1. Les pays de l'annexe 1 du protocole : Allemagne, Australie, Autriche, Bélarus, Belgique, Bulgarie, Canada, Communauté européenne, Danemark, Espagne, Estonie, États-Unis d'Amérique, fédération de Russie, Finlande, France, Grèce, Hongrie, Irlande, Islande, Italie, Japon, Lettonie, Lituanie, Luxembourg, Norvège, Nouvelle-Zélande, Pays-Bas, Pologne, Portugal, Roumanie, Royaume-Uni de Grande-Bretagne et d'Irlande du Nord, Suède, Suisse, Tchécoslovaquie, Turquie, Ukraine.

absorbant en effet le gaz carbonique par la photosynthèse, les États-Unis estimaient que les quantités ainsi absorbées devraient venir en déduction du volume d'émissions. L'Europe s'y est opposé en avançant la difficulté de quantifier ces puits qui ne sont pas nécessairement durables.

Pendant ce temps, l'étude de l'effet de serre se poursuit et les plus récentes recommandations de l'International Panel on Climate Change accroissent la pression sur les décideurs. Ainsi, en février 2001, le troisième rapport de l'IPCC a-t-il annoncé un durcissement des prévisions. Il fait état d'une hausse plus importante de température – de 1,4 à 5,8 degrés d'ici à la fin du siècle – et il est plus affirmatif encore que les précédents rapports sur la réalité de l'altération du climat dont les activités humaines seraient la principale cause.

D'année en année, les enjeux liés aux émissions de gaz à effet de serre n'ont donc cessé de se préciser, au point qu'il est moins question aujourd'hui d'épiloguer sur les différents scénarios de changements climatiques et sur leur ampleur que d'inviter chacun à agir de manière responsable dans le cadre d'un développement durable, l'humanité ayant besoin à la fois d'assurer son développement, donc sa croissance économique, et la pérennité d'un environnement fragile.

Pour pouvoir entrer en vigueur, le protocole de Kyoto devrait être ratifié par 55 pays, représentant au moins 55 % des émissions de dioxyde de carbone du monde développé. À l'heure actuelle, seuls 23 pays l'ont entériné – essentiellement des États insulaires menacés par la montée des océans. Hormis la Belgique, aucun pays développé ne l'a ratifié mais, en juillet 2001, lors de la conférence mondiale de Bonn sur les changements climatiques, une étape décisive a été franchie : à l'exception des États-Unis, les représentants des quelques 180 pays présents se sont tous accordés pour ratifier ce protocole afin qu'il entre en vigueur en 2002. Chacun espère désormais que la ratification aura lieu avant le sommet mondial sur le développement durable qui se tiendra à Johannesburg en septembre 2002 et qui sera l'occasion, dix ans après la conférence de Rio, de dresser un bilan et d'envisager de nouvelles perspectives.

2

Automobile et pollution atmosphérique

L'effet de serre

Avec 3 milliards de tonnes de CO_2 émises chaque année, la voiture individuelle représente un peu plus de 10 % des émissions anthropiques de CO_2. Il est essentiel par prudence de faire chuter ces chiffres afin de réduire la part de l'effet de serre additionnel liée à l'usage de l'automobile, et ce d'autant que le parc est appelé à considérablement s'accroître.

En l'an 2000, 57,5 millions de véhicules neufs ont été vendus dans le monde. Quant à la demande des pays émergents comme la Chine et l'Inde, représentant plus du tiers de la population du globe, elle va fortement s'intensifier. On prévoit 2 milliards d'automobiles à l'horizon 2050[1].

À cet accroissement continu du parc s'ajoutent plusieurs tendances limitant les progrès réalisés en termes de consommation de carburant et de réduction d'émissions de CO_2 (en Europe, -20 % ces trente dernières années[2]). Il s'agit essentiellement de la multiplication des kilomètres parcourus due à l'allongement des trajets domicile-travail mais aussi de l'augmentation de la

1. Fédération française des Automobiles Clubs, 2001.
2. Comité des constructeurs français d'automobiles (CCFA), 2000.

vitesse moyenne des automobilistes, du développement de la puissance (par exemple : +290 cm^3 de cylindrée en France, entre 1995 et 1999) et de l'équipement moyen des véhicules tendant à les alourdir (+20 % environ ces dix dernières années pour les véhicules neufs vendus en Europe).

Autrement dit, l'automobile se révèle, en partie, victime de son succès, son développement contrariant les avancées des moteurs thermiques les plus récents.

Pour les États qui se sont engagés à réduire leurs émissions de gaz à effet de serre dans le cadre du protocole de Kyoto, les mesures envisagées concernant l'automobile dépassent donc une action sur la consommation unitaire des véhicules pour s'exercer à des niveaux très différents. Outre la conclusion d'accords avec l'industrie automobile afin de programmer des objectifs réglementaires, elles proposent, entre autres, un système de primes incitant à l'achat de voitures propres et une meilleure répartition modale des déplacements urbains, en particulier par le redéploiement des transports publics.

Elles portent également sur une gestion adaptée du trafic routier, notamment par la modulation des péages afin de limiter les congestions, coûteuses en CO_2 ; un meilleur respect des limitations de vitesse ; une fiscalité instituant une écotaxe carbone ; la maîtrise de l'évolution de l'espace urbain par des plans d'urbanisme adaptés.

Quant à l'éducation et à l'information des automobilistes, elles sont aussi considérées comme essentielles, particulièrement, bien entendu, dans le domaine relatif aux économies de carburant qu'ils peuvent réaliser immédiatement en adoptant une conduite adaptée.

Respirer dans les grandes villes

Outre la question planétaire de l'effet de serre et du changement climatique, les citadins ont parfois l'impression que l'air des villes est devenu irrespirable : alertes à l'ozone, pics de pollution par les oxydes de soufre ou d'azote… Pourtant, contrairement à une idée reçue, il est établi sans conteste que la pollution des villes est infiniment moindre aujourd'hui qu'il y a trente ou cinquante ans, en particulier du fait de la forte réduction de la pollution industrielle. Il est convenu de qualifier de polluant atmosphérique « toute substance étrangère, ou dont la variation du taux dans l'atmosphère est susceptible, compte tenu des connaissances scientifiques du moment, de provoquer un effet nocif ou de créer une nuisance ou une gêne[1] ». L'atmosphère des villes connaît au fil des heures des variations fortes. Des organismes de suivi de la qualité de l'air ont été mis en place et les citoyens peuvent, dans certaines agglomérations, juger de la qualité de l'air sur des panneaux d'information publics. Si le CO_2 ne présente aucun caractère de toxicité locale, d'autres gaz sont à surveiller avec soin car il arrive que leur concentration dépasse ponctuellement les niveaux définis comme dangereux pour la santé publique.

On identifie globalement 7 types d'agents polluants associés à l'usage de l'automobile : les oxydes d'azote, le monoxyde de carbone, les composants organiques volatils, les particules, le dioxyde de soufre, le plomb et, de façon indirecte, l'ozone.

Les oxydes d'azote (NO et NO_2 appelés NOx) proviennent de l'oxydation de l'azote de l'air lors de la combustion. Le NO_2 se fixe sur les alvéoles pulmonaires

1. Commission du Conseil de l'Europe, 1967.

et en altère l'efficacité. C'est un irritant des bronches qui réduit le pouvoir oxygénateur du sang.

Le monoxyde de carbone (CO) est rejeté lors de la combustion incomplète de carburants. Lorsqu'il est inhalé, il se fixe sur l'hémoglobine et peut provoquer l'asphyxie des tissus organiques.

Les composants organiques volatils (COV), dont les hydrocarbures imbrûlés (HC), sont présents dans les gaz d'échappement des moteurs à essence et Diesel. Ils ont des conséquences sur l'effet de serre comme sur la santé.

Les particules (PM_{10}) forment les fumées noires visibles à la sortie des pots d'échappement des véhicules Diesel d'anciennes générations. Elles surchargent les poumons et réduisent leur efficacité de filtration.

Le dioxyde de soufre (SO_2) provenant de la combustion des composants soufrés (fuel, gazole, charbon), altère la fonction respiratoire et participe à la formation des pluies acides.

Le plomb (Pb), utilisé comme additif, est aujourd'hui sévèrement réglementé et interdit dans les carburants de la plupart des pays.

L'ozone (O_3), enfin, est produit par l'action du rayonnement solaire sur les oxydes d'azote (NOx) et les composants organiques volatils (COV). Ses effets à basse altitude (ozone troposphérique) en font un irritant des yeux, de la gorge et des bronches.

Depuis 1970, de nombreuses directives européennes ont instauré des normes d'émissions de plus en plus sévères concernant le monoxyde de carbone (CO), les oxydes d'azote (NOx), les hydrocarbures imbrûlés (HC) et les particules (PM_{10}), tandis que les constructeurs ne cessaient d'améliorer la combustion des moteurs et le traitement des gaz d'échappement afin de respecter ou d'anticiper la réglementation. Ainsi, entre 1970 et 1995, les émissions d'oxyde de carbone (CO) ont été divisées par douze, celles d'oxydes d'azote (NOx) par huit, les hydrocarbures imbrûlés (HC) par vingt et les particules (PM_{10}) par cinq[1]. Les derniers résultats du programme Auto-Oil II de l'Union européenne établissent que les émissions de ces polluants dans le secteur transport seront, compte tenu des nouvelles normes en vigueur, réduites de 50 % en 2005 et de 80 % en 2020. Il convient de noter que cette baisse des émissions intègre l'accroissement prévisible du parc ainsi que celui des kilomètres parcourus. On tend donc clairement, du moins pour ce qui se rapporte à la pollution locale, vers des niveaux d'émissions minimes. L'un des freins à une réduction plus rapide de la pollution urbaine réside dans la relative lenteur du renouvellement du parc automobile, y compris dans les pays les plus développés. Paradoxalement en effet, dans ces pays fortement motorisés, on observe que les automobiles ont une moyenne d'âge de huit à dix ans du fait que la deuxième, voire la troisième, voiture de la famille est rarement un véhicule neuf. Les programmes de contrôle technique stimulent toutefois le processus de renouvellement.

En résumé, la question de la pollution locale imputable aux véhicules classiques équipés d'un moteur à combustion interne est en passe d'être résolue par les motorisations récentes et par de nouvelles familles de carburants. Néanmoins, une nouvelle réduction significative des rejets de CO_2 est à atteindre. D'où l'effort des constructeurs pour développer des moteurs thermiques encore plus propres et de nouvelles techniques de motorisation, avec les véhicules hybrides et la pile à combustible.

1. Comité des constructeurs français d'automobiles (CCFA), 2000.

3

Innovations et législations

Depuis le premier choc pétrolier, l'industrie automobile est engagée dans des recherches techniques complexes pour accroître la sobriété de ses modèles et minimiser leurs émissions, un processus dans lequel le dialogue qui s'est institué entre les constructeurs et les pouvoirs publics a été déterminant.

Ainsi aux États-Unis la consommation de carburant des berlines neuves (hors pick-up) a-t-elle été réduite de moitié entre 1975 et 1989, soit un gain de l'ordre de 8 litres aux 100 km. Ce résultat spectaculaire est le fruit du programme CAFE (Corporate Average Fuel Economy), une politique fédérale définissant avec les constructeurs une norme moyenne de consommation pour les véhicules qu'ils proposent. Maître d'œuvre de cette politique, l'Agence de l'environnement (ou Environmental Protection Agency/EPA) était chargée de mesurer la consommation moyenne de chaque nouveau modèle. La direction des routes (ou National Highway Trafic Safety Administration/NHTSA), calculait, quant à elle, la consommation moyenne de la gamme des véhicules commercialisés par chaque constructeur en pondérant la consommation de chacun des modèles par sa part dans les ventes globales dudit constructeur. En cas de consommation supérieure à la norme CAFE, celui-ci devait acquitter une pénalité très dissuasive, proportionnelle au dépassement et au nombre total de voitures vendues.

Bill Clinton, qui avait déclaré que 40 mpg (*40 miles per gallon*), soit 5,9 litres aux 100 km, lui semblait un objectif souhaitable, a opté en 1993 pour un partenariat avec les constructeurs. Baptisé « Partnership for a New Generation of Vehicles » (PNGV), ce programme a, entre autres objectifs, la mise au point d'un véhicule familial dont la consommation moyenne n'excéderait pas 3 litres aux 100 km à l'horizon 2004. Après six années de financements publics au rythme moyen de 240 millions de dollars par an, les premiers prototypes ont été présentés au début de l'année 2000.

En avril 2001, plusieurs sénateurs ont déposé un projet de loi visant à actualiser un programme de type CAFE s'appliquant cette fois aux pick-up et « sport utility vehicles » (SUV). Concernant ces véhicules plus lourds et dont les Américains sont friands (ils représentaient, en 2000, plus de 50 % des ventes de véhicules particuliers), mais qui se révèlent de redoutables énergivores, il s'agirait d'abaisser la norme actuelle de 13,62 litres aux 100 km à 10,26 litres aux 100 km d'ici 2007.

En termes de lutte contre la pollution des transports, un aperçu de l'action menée aux États-Unis sur l'offre de véhicules serait incomplet sans une brève évocation des mesures particulières mises en œuvre en Californie. Observatoire privilégié du devenir de l'automobile, cet État, en effet, s'est imposé comme leader en matière de politiques publiques visant la réduction des émissions polluantes. Trois raisons à cela : une population de 30 millions d'habitants aux revenus élevés profitant d'un développement économique prospère, le microclimat de son agglomération principale, Los Angeles, qui favorise la concentration des polluants et, enfin, le monopole quasi absolu dont jouit là-bas la voiture particulière dans les déplacements urbains.

L'originalité de la stratégie californienne réside dans un système de droits à acquitter pour chaque véhicule vendu, proportionnellement à ses performances en émissions de CO_2. Plus souple pour les constructeurs spécialisés dans les grosses cylindrées, cette solution autorise chacun à exploiter son marché à condition qu'il développe simultanément des véhicules propres selon les normes et les quotas fixés par le législateur : Ultra Low Emission Vehicle (ULEV), c'est-à-dire « véhicule à très faibles émissions », soit 3 litres aux 100 km, ou Zero Emission Vehicle (ZEV), c'est-à-dire « véhicule zéro émission ».

Nul doute que l'approche californienne a stimulé la recherche technologique. Cependant, sa stratégie développée au début des années 1990 qui consistait à hisser réglementairement le quota de véhicules électriques à hauteur de 2 % du parc fut un échec. Privilégier une nouvelle technologie est une chose, encore faut-il que celle-ci soit en mesure de répondre à un besoin. Inadaptées au marché, les premières voitures électriques commercialisées ne pouvaient guère parcourir plus de 100 kilomètres entre deux recharges, et personne n'en a voulu. C'est pourquoi la solution du véhicule hybride s'est imposée comme une étape obligée. Certes, celui-ci n'est pas totalement non polluant mais il est notablement moins gourmand en carburant et présente l'immense avantage d'être réaliste, c'est-à-dire d'assurer le rayon d'action nécessaire aux usagers. Dans ces conditions, il est difficile d'imaginer que l'objectif de 10 % de véhicules zéro pollution devant être commercialisés dans l'État de Californie à l'horizon 2003 puisse être atteint. Cela n'ôte cependant rien au dynamisme d'une stratégie qui continue à prouver combien elle encourage le développement de solutions nouvelles. Le succès de l'hybride tout comme le soutien apporté aux véhicules à pile à combustible doit en effet beaucoup au contexte californien.

En Europe les émissions automobiles à l'échappement sont également réglementées. Depuis 1993, les directives de l'Union européenne fixent les valeurs d'émissions des véhicules commercialisés dans l'espace européen, les conditions techniques pour les mesurer, les caractéristiques des carburants ainsi que les valeurs limites pour le contrôle technique. La réactualisation des normes et la recherche technologique ont créé une dynamique provoquant une chute importante des émissions unitaires par véhicule au cours de la dernière décennie.

Entre 1993 et 2000, la quantité de NOx émise au kilomètre par les moteurs essence a diminué de 83 %, celle d'hydrocarbures de 79 %, et celle de CO de 15 %. La directive Euro IV de 2005 diminuera encore de moitié les seuils limites pour chacun de ces composés. Le gain sera particulièrement sensible pour le CO, dont les émissions auront alors été réduites de 63 % par rapport à 1993.

Durant la même période, pour les moteurs Diesel, les émissions de CO ont régressé de 76 %, celles de NOx de près de 50 %, celles d'hydrocarbures de plus de 40 %, et celles de particules ont été divisées par trois. Là encore, la directive Euro IV marquera un nouveau bond : en 2005, les émissions de particules, par exemple, auront été divisées par six par rapport à 1993.

À l'aune de ces résultats, on considère aujourd'hui qu'un véhicule de quinze ans d'âge produit plus d'émissions polluantes que vingt véhicules neufs et que les plus anciens véhicules, qui représentent 20 % du parc européen, émettent 80 % de la pollution.

À propos du CO_2, la Commission européenne a envisagé, au cours des années 1990, d'agir réglementairement sur les émissions, autrement dit d'établir une norme sur la consommation des véhicules. L'association des constructeurs européens (ACEA[1]) a préféré signer, en juillet 1998, un engagement volontaire vis-à-vis de l'Union européenne, également ratifié par les associations des constructeurs japonais (JAMA[2]) et coréens (KAMA[3]). Cet accord porte, d'une part, sur l'introduction dès 2000 de véhicules émettant moins de 120 grammes de CO_2 par kilomètre (soit une consommation moyenne de 4,5 litres aux 100 km), mais aussi sur un objectif quantifié en matière d'émissions de CO_2 pour la moyenne des voitures particulières neuves vendues dans l'Union européenne. Ainsi à l'horizon 2008-2009, ce niveau moyen ne devra pas dépasser 140 grammes de CO_2 par kilomètre (5,7 litres aux 100 km) avec la perspective d'atteindre 120 grammes de CO_2 par kilomètre en 2012.

Anticipant les exigences de la Commission européenne, les constructeurs cependant n'avaient pas attendu cet accord pour s'engager dans des réductions

1. Constructeurs européens membres de l'ACEA : BMW AG, Daimler Chrysler AG, Fiat S.p. A., Ford of Europe Inc., General Motors Europe AG, Porsche AG, PSA Peugeot Citroën, Renault SA, Volkswagen AG, AB Volvo.

2. Constructeurs membres de la JAMA : Daihatsu, Fuji Heavy Industries (Subaru), Honda, Isuzu, Mazda, Nissan, Mitsubishi, Suzuki, Toyota.

3. Constructeurs automobiles coréens membres de la KAMA : Daewoo Motor Co. Ltd, Hyundai Motor Company, Kia Motors Corporation.

de consommation. En octobre 2000, le premier rapport de la stratégie communautaire visant à réduire les émissions de CO_2 indiquait, pour les véhicules neufs commercialisés dans l'Union européenne, une baisse moyenne des émissions de CO_2 de 5,6 % entre 1995 et 1999. Pour mémoire, rappelons qu'en 1995, une voiture particulière neuve émettait en moyenne 186 grammes de CO_2 par kilomètre en Europe, 191 grammes au Japon et 260 grammes aux États-Unis.

Afin d'atteindre des objectifs plus ambitieux, les recherches bien évidemment se poursuivent. Globalement, elles recouvrent deux domaines complémentaires.

Le premier porte spécifiquement sur la motorisation et ses émissions, par différents biais : le perfectionnement du moteur thermique, l'usage de carburants moins polluants alternatifs au pétrole et la mise en œuvre de nouveaux concepts de motorisation.

Le second s'attache à la conception générale du véhicule et tend à améliorer ce qui s'oppose à l'avancement de la voiture : le poids, les résistances aérodynamiques, les frottements mécaniques et le contact du pneu avec la chaussée.

C'est en travaillant simultanément au perfectionnement de chacun de ces éléments que l'industrie automobile progresse dans la voie des véhicules propres.

4

Vers 1 litre aux 100 km

Le moteur thermique propre

Plusieurs innovations ont permis d'améliorer la qualité de la combustion, le rendement du moteur et les émissions de particules.

L'injection directe

Ce procédé supprime le carburateur des moteurs à essence et la préchambre des moteurs Diesel. Pulvérisé de manière très précise dans la chambre de combustion, le carburant s'y mélange donc directement avec l'air, une solution qui permet de fonctionner en mélange air-carburant dit « pauvre », c'est-à-dire nécessitant une plus faible quantité de carburant. La consommation est donc moindre et le taux des hydrocarbures imbrûlés diminue. En revanche, le processus de l'injection directe provoque aussi une hausse des émissions des oxydes d'azote (NOx), notamment parce que la température s'élève fortement au moment de la combustion et provoque une réaction entre l'oxygène et l'azote de l'air.

Le principe de l'injection de carburant dans les moteurs à explosion apparaît en Allemagne au milieu des années 1930. En collaboration avec Bosch, Mercedes met alors au point un système d'injection directe pour ses moteurs d'avion. En effet, la constance de l'alimentation assurée par l'injection favorise le bon fonctionnement du moteur dans des cas particuliers comme les mouvements acrobatiques spécifiques à l'aviation. Peu à peu, le système d'injection est adapté sur les voitures de compétition puis commence à équiper les automobiles de série. La première à en bénéficier sera la Mercedes 300 SL de 1954. À la fin des années 1960, la plupart des constructeurs ont adopté cette technique. Bien entendu, il ne s'agit encore que de procédés mécaniques que le développement de l'électronique va progressivement supplanter.

L'électronique d'aujourd'hui a révolutionné l'injection. Ainsi, appliquée au Diesel, celle-ci n'est plus commandée par la rotation d'une pompe, mais par une unité de contrôle électronique pilotant des injecteurs électromagnétiques. Plus élevée, la pression d'injection, qui peut atteindre les 1 350 bars, autorise un meilleur mélange air-carburant. Le principe du *common rail* (« rampe commune ») d'injection électronique permet de doser la pression indépendamment de la vitesse de rotation et de la charge du moteur. Une pression spécifique est envoyée à chaque cylindre en fonction de ses conditions de fonctionnement, d'après les paramètres transmis par le dispositif de contrôle électronique. La pulvérisation est ainsi optimale avec, à la clé, une consommation et des émissions en baisse, des performances en hausse et un moteur plus silencieux. Les premiers à commercialiser cette technique furent Fiat et Bosch. Par ailleurs, d'autres constructeurs proposent une technique d'injecteur pompe qui, elle, élève la pression d'injection à

2 000 bars. Le groupe Volkswagen est le spécialiste de cette technologie.

Par nature plus sobre que le moteur essence – de 20 % à 25 % –, le moteur Diesel accroît donc encore son avantage avec ce nouveau type d'injection. Le gain en consommation par rapport au moteur essence est d'environ 35 %, corrélé à une réduction équivalente de CO_2 et des émissions moindres des principaux polluants. Par rapport aux moteurs Diesel des générations précédentes, l'injection haute pression diminue de 60 % les émissions de particules à la source et consomme 20 % de moins. Autrement dit, l'image du moteur Diesel peu respectueux de l'environnement est totalement obsolète.

Introduit en 1998 par PSA Peugeot Citroën, le moteur Diesel à haute pression d'injection par *common rail* baptisé Hdi (High Pressure Direct Injection) fait partie de cette nouvelle génération de Diesel propre pour le développement duquel le constructeur français s'est associé à Ford en septembre 1998. En avril 2001, le premier résultat de cette collaboration fut le lancement d'un moteur 1,4 litre aux performances comprises entre 3,4 litres (90 grammes de CO_2 par kilomètre) et 4,1 litres aux 100 km (110 grammes de CO_2 par kilomètre) pour les petites voitures et 4,5 litres aux 100 km (120 grammes de CO_2 par kilomètre) pour les véhicules de taille moyenne… soit des résultats allant, dès aujourd'hui, au-delà des objectifs de l'Union européenne à l'horizon 2008 (140 grammes de CO_2 par kilomètre). À titre de comparaison, la moyenne des émissions de CO_2 du parc européen de voitures neuves vendues en 2000 était de 169 grammes par kilomètre.

Le moteur camless

Sa commercialisation est prévue à plus long terme mais cette innovation est très prometteuse. Elle envisage la suppression des arbres à cames dont la fonction – actionner les soupapes – serait tenue par des actuateurs composés d'électro-aimants et de deux ressorts de rappel. L'avantage de cette solution repose sur la réduction de pièces en mouvement, laquelle se traduit par un meilleur rendement de l'ensemble mécanique et en conséquence par une diminution de la consommation. Elle permet, de plus, un gain non négligeable sur l'encombrement du moteur.

LE TRAITEMENT DES ÉMISSIONS

Les pots catalytiques et les filtres à particules, associés à une meilleure combustion et une gestion électronique des moteurs présentent également l'avantage de réduire très sensiblement les émissions de polluants.

Le pot catalytique

Laboratoire technique et législatif des États-Unis en matière de respect de l'environnement, la Californie fut, en 1975, le premier État de la fédération à adopter le pot catalytique, devenu depuis un équipement standard de tous les véhicules américains. En Europe, il équipe les véhicules à essence depuis 1993 et Diesel depuis 1997. Le pot catalytique agit comme une sorte de machine à traiter les gaz et réduit fortement les émissions polluantes. Il transforme les monoxydes de carbone (CO) et les hydrocarbures imbrûlés (HC) en vapeur d'eau et en gaz carbonique, et les oxydes d'azote en azote.

Si sa généralisation marque incontestablement une étape importante dans la lutte en faveur de la qualité de l'air, d'autres technologies font aujourd'hui leur apparition pour aller plus loin encore, telle la catalyse des NOx.

La catalyse des NOx

Les nouveaux moteurs à injection directe consomment moins de carburant mais génèrent davantage de NOx. Afin de remédier à ce problème, les constructeurs travaillent sur des pièges à NOx. Le procédé consiste à stocker les NOx dans un filtre durant le fonctionnement en mélange pauvre, puis, en un temps imperceptible par le conducteur, à fonctionner en un mélange riche afin que l'excédent de carburant réagisse chimiquement avec les NOx ainsi transformés en gaz non polluants avant d'être rejetés. Cette catalyse dite « active » est le résultat d'une postinjection de carburant dans le cylindre quelques millisecondes après l'injection principale. La centaine de microgrammes d'hydrocarbures ainsi injectés produit une réaction chimique avec les NOx plus complète, et donc des émissions toxiques limitées. L'efficacité du système est conditionnée par la qualité du carburant, dont la teneur en soufre doit être minime.

Le filtre à particules

Il concerne les véhicules Diesel et fonctionne en liaison directe avec le système électronique gérant l'alimentation du moteur. L'opération de filtrage est effectuée par un filtre en carbure de silicium qui se régénère à haute température. L'obstacle technique majeur pour développer le filtre à particules est celui de sa régénération. En effet, l'élimination des particules par combustion ne peut s'effectuer qu'à une température de l'ordre de 550 °C… Or, en mode urbain, la température des gaz d'échappement d'un moteur Diesel n'excède pas 200 °C. Dans le processus de filtrage des particules, l'usage d'un additif, la cérine, permet l'abaissement de la température de combustion à 450 °C, et c'est alors qu'intervient la gestion électronique des nouveaux moteurs Diesel, dont le Hdi : elle déclenche une postinjection en phase de détente, causant ainsi une postcombustion. Celle-ci se traduit par une hausse de température des gaz d'échappement à 450 °C, ce qui provoque la régénération du filtre. La postinjection entraîne néanmoins une production supplémentaire d'hydrocarbures imbrûlés (HC). Ils sont traités par une postcombustion complémentaire sur le catalyseur d'oxydation placé en amont du filtre à particules.

En réduisant les particules à la limite du mesurable, cette technologie représente elle aussi une avancée en matière de voitures propres. Peugeot fut le premier, avec la 607, à promouvoir cette innovation, qui sera adoptée par plusieurs constructeurs dès 2002.

1 LITRE AUX 100 KM

Affichant 2,99 litres aux 100 km, soit une émission de CO_2 de 90 grammes par kilomètre, la Volkswagen Lupo 1,2 TDI, communément appelée 3L, détient le record du monde de faible consommation pour une voiture de série, et traduit la capacité technologique des constructeurs à réduire drastiquement la consommation de carburant. Par rapport à une motorisation essence traditionnelle de 1600 cm^3, ses rejets d'hydrocarbures sont diminués de 75 %, la proportion de dioxyde de soufre chute de 40 % et celle de monoxyde de carbone de 85 %. Équipé, entre autres, d'un système *stop and go*, le moteur Diesel 1,2 litre de la Lupo 3L se coupe automatiquement à l'arrêt du véhicule et redémarre sur une simple pression de l'accélérateur. Sa consommation durant l'immobilisation dans les embouteillages ou lors d'un arrêt au feu rouge est donc nulle, ce qui représente un gain supérieur à 5 % en circulation urbaine. Y a-t-il un marché pour la Lupo 3L, ultraéconomique et ultrasophistiquée mais encore onéreuse ?

Oui, selon Volkswagen, à condition que l'achat de tels modèles soit accompagné d'incitations fiscales. C'est le cas en Allemagne où l'on comptait 9 300 véhicules vendus entre juillet 1999 et avril 2001, contre 250 en France.

Directement rentable ou non, la mise sur le marché d'un tel véhicule répond à une philosophie d'entreprise : « La Formule 1 de VW, c'est la future voiture 3 litres », avait déclaré en 1995 Ferdinand Piech, le président du directoire de Volkswagen. Le challenge technologique est donc tenu et, à terme, c'est évidemment toute la gamme qui pourra profiter de l'expérience Lupo 3L.

D'ici 2004, une version prototype encore plus légère de la Lupo devrait voir le jour. En avril 2000, la Commission européenne lançait en effet un programme de 5,2 millions d'euros pour l'étude de la production d'un véhicule consommant 1 litre de Diesel aux 100 km sur la base de la Lupo. Financé à parts égales par la Commission et les partenaires du projet, il s'agit d'un effort conjoint de l'industrie automobile européenne, des laboratoires de recherche et des producteurs de matériaux pour réduire la dépendance de l'Europe à l'égard du pétrole ainsi que ses émissions de CO_2. Faisant massivement appel aux fibres de carbone, la Lupo, allégée d'environ 40 %, affichera une forte réduction de la consommation de carburant et des émissions de CO_2.

L'une des incertitudes pesant sur les nouveaux matériaux est leur prix, puisque ce sont les coûts de revient qui seront déterminants pour le succès ou l'échec du futur produit. Ce projet fait partie des recherches sur les alliages ultralégers mises en œuvre dans le cadre du programme « Croissance compétitive et durable » (l'un des quatre thèmes du cinquième programme-cadre de recherche et développement de l'Union européenne) au titre de l'action clé « Technologies des transports terrestres et technologies marines ». Il s'intègre dans la stratégie globale de la Commission européenne pour développer des automobiles, autocars et camions qui soient « durables » et moins polluants pour l'atmosphère. Un autre domaine de recherche soutient le développement de moteurs de petites cylindrées. Des économies de carburant de l'ordre de 30 % sont attendues de ces nouvelles motorisations, particulièrement des moteurs essence et Diesel de taille réduite ainsi que de nouveaux modes de combustion.

5

Les carburants

Très active, la recherche des pétroliers est engagée sur deux voies : la mise au point de carburants traditionnels reformulés, c'est-à-dire avec réduction de certains composants dont le soufre et les hydrocarbures aromatiques, et la conception de nouveaux carburants.

Les recherches sur les carburants traditionnels

Première étape : supprimer le plomb et réduire le soufre

À l'origine, l'essence qui est obtenue par le raffinage du pétrole ne contient pas de plomb. Mais afin d'améliorer les performances des moteurs en augmentant le taux de compression, les chimistes du début du XXe siècle imaginèrent de lui en ajouter. C'est beaucoup plus tard que fut pris en considération son caractère toxique et que les gouvernements décidèrent de le supprimer de l'essence : en 1975 aux États-Unis et depuis le 1er janvier 2000 en Europe. Néanmoins, l'Europe n'a pas attendu cette date pour agir : depuis les années 1980, l'utilisation croissante du « sans-plomb » a permis de réduire de façon notable les rejets de plomb dans l'atmosphère.

Quant à la réduction du soufre dans l'essence, elle diminue les émissions d'oxyde de soufre, d'hydrocarbures imbrûlés, d'oxyde de carbone et d'oxydes d'azote dans une proportion de l'ordre de 20 % à 50 % selon les polluants.

Pour le gazole, des procédés de raffinage récents aboutissent à une nouvelle composition du carburant permettant d'atteindre des niveaux de réduction des émissions de particules de l'ordre de 40 %. Une performance qui vient en complément de l'action produite par le filtre à particules.

La reformulation des carburants impose des investissements lourds mais elle présente l'avantage de toucher immédiatement l'ensemble du parc automobile, a contrario des nouvelles technologies qui supposent le renouvellement des véhicules. Le surcoût de la reformulation paraît acceptable, il est évalué à moins d'1 centime d'euro le litre pour une essence à très faible taux de soufre et à 1,7 centime d'euro le litre pour un gazole présentant des propriétés environnementales très satisfaisantes.

Seconde étape : les nouveaux défis

Pour l'essence : maintenir l'indice d'octane et limiter les composants aromatiques. Un indice d'octane élevé contribue au bon rendement du moteur, ce qui a pour conséquence de diminuer la consommation et donc les émissions de CO_2. Quant à la limitation des composés aromatiques à 35 % maximum en volume, elle permettrait de réduire leur contribution aux émissions d'hydrocarbures imbrûlés (HC) et de monoxyde de carbone (CO).

Pour le gazole : augmenter l'indice de cétane, qui mesure l'aptitude du gazole à l'auto-inflammation. L'industrie automobile a demandé à ce que cet indice soit porté de 50, son niveau actuel, à 58 en 2005, ce qui abaisserait de 20 % les émissions de particules ainsi que de 26 % les émissions d'hydrocarbures imbrûlés et de monoxyde de carbone des moteurs Diesel.

LES CARBURANTS ALTERNATIFS

Le GPLc (gaz de pétrole liquéfié carburant)

Si l'origine de l'exploitation du pétrole date de 1859, lorsque Edwin Drake effectua le premier forage de l'histoire près de Titusville en Pennsylvanie, celle de l'industrie des GPL est plus récente. Elle revient à H. Stukeman, un ingénieur de la Riverside Oil Company de Virginie qui, en décembre 1910, réussit à obtenir les 658 premiers litres de GPL liquide, mélange de butane et de propane. Confronté à l'évaporation des essences minérales alors stockées dans des bacs à ciel ouvert, il avait eu l'idée, pour limiter les pertes, de récupérer les vapeurs pour les recondenser. Dès 1912, une installation domestique fut expérimentée ainsi qu'une application à la carburation automobile dont le développement prit une dizaine d'années. À partir de 1927, les compagnies pétrolières se lancent dans la commercialisation du GPL. L'impulsion est donnée et en 1930, soit vingt ans après la découverte de ce carburant, sa consommation atteint 32 200 tonnes aux États-Unis. L'Europe commence alors à s'y intéresser. En France, son usage domestique (les bouteilles de gaz) remonte à 1932. Quant au GPLc, pour les automobiles, il ne sera autorisé qu'à partir de 1979.

Les GPL proviennent aujourd'hui des usines de raffinage et des champs de production de pétrole et de gaz où ils étaient le plus souvent brûlés en torchères.

Ce mélange de gaz a la propriété de devenir liquide à faible pression, une dizaine de bars, et d'occuper ainsi un volume beaucoup moins important qu'en phase gazeuse, ce qui facilite son stockage.

Identique à celui du moteur à essence, le fonctionnement du moteur GPLc bénéficie aujourd'hui des mêmes innovations, la gestion électronique et le pot catalytique. Deux types de véhicules sont présents sur le marché, le bicarburation et plus rarement le monocarburation, proposé pour les bus et les taxis mais encore au stade expérimental sur le marché des voitures particulières.

Les modèles bicarburation sont des véhicules à essence complétés d'une installation GPLc dont le surcoût est de l'ordre de 1 500 euros. Ils présentent l'avantage de pouvoir passer d'une alimentation à l'autre, à tout moment, sans coupure du moteur, y compris à grande vitesse, en actionnant un commutateur sur le tableau de bord. Cette solution mixte permet de pallier la faible densité des stations de ravitaillement de certains pays mais les gains les plus importants, tant en émissions de polluants qu'en consommation, reviennent aux moteurs monocarburation fonctionnant exclusivement au GPLc. C'est avec un tel modèle que Renault a pu atteindre des performances rares. En effet, sa Clio expérimentale équipée d'un moteur de 1,4 litre émet en moyenne, et par kilomètre, 0,13 gramme de monoxyde de carbone, 0,010 gramme d'oxydes d'azote et 0,024 gramme d'hydrocarbures imbrûlés, des résultats qui ont valu au véhicule d'obtenir en Californie la norme « véhicule à très faibles émissions » (Ultra Low Emission Vehicle).

Par ailleurs, la combustion du GPLc n'encrasse pas le moteur. Les huiles n'étant pas altérées, elles conservent plus longtemps leurs qualités lubrifiantes. La fréquence des vidanges est donc moindre, l'entretien réduit. Enfin, les pouvoirs publics ont associé aux qualités écologiques du GPLc un intérêt fiscal. Bien que son exploitation soit plus onéreuse que celle du gazole, il est moins taxé que l'essence ou le Diesel et constitue, pour l'instant, le moins cher de tous les carburants à la pompe.

À titre de comparaison, avec 15 euros de carburant[1], un véhicule pourra parcourir, en France environ 160 kilomètres au super sans plomb, 245 kilomètres au gazole et 300 kilomètres au GPLc. Cet argument explique son succès auprès des grands rouleurs : les entreprises, les professionnels indépendants, dont un grand nombre de taxis, mais également les particuliers. La distribution du GPLc est assurée par les stations-service traditionnelles et l'on compte actuellement, dans le monde, quelque 4,5 millions de véhicules particuliers alimentés au GPLc dont 1,3 million en Italie, 600 000 aux Pays-Bas, 390 000 aux États-Unis et 150 000 en France.

1. Sur la base d'une consommation moyenne aux 100 km de 10 litres pour le GPLc, de 8,5 litres pour le super sans plomb 95 et de 7,5 litres pour le gazole, avec un prix TTC au litre de :
– 0,56 euro pour le GPL carburant ;
– 0,91 euro pour le gazole ;
– 1,10 euro pour le super sans plomb.
(Prix relevés en station-service au 20/10/00. Source : Dimah.)

Le GNV (gaz naturel pour véhicule)

L'exploitation du gaz naturel remonte à l'Antiquité. Plusieurs siècles avant Jésus-Christ, la Chine avait mis au point un procédé de captation du gaz naturel qui assurait alors le chauffage des salines ainsi que l'éclairage des rues et des halles. En Europe, l'industrie du gaz de houille débute à la fin du XVIIIe siècle, date à laquelle l'industrie du gaz apparaît aux États-Unis, aujourd'hui deuxième producteur mondial derrière la fédération de Russie.

Le GNV, ou gaz naturel pour véhicule, est composé à 90 % de méthane (CH_4) mais il contient également d'autres hydrocarbures tels l'éthane, le propane et le butane, chacun pouvant être utilisé comme combustible. Il s'agit du même gaz que celui utilisé pour le chauffage ou la cuisson domestique. Présent en faible quantité dans l'air, il est abondant dans les sous-couches géologiques, suite à la fermentation des végétaux. Un biométhane renouvelable, obtenu par l'exploitation systématique de la fermentation de matières végétales, dont les déchets organiques, pourrait cependant être substitué à cette source d'énergie fossile.

À l'instar du GPLc, les motorisations GNV peuvent fonctionner selon deux modes, en monocarburation lorsqu'elles sont conçues exclusivement pour le GNV, et en bicarburation, solution mixte permettant d'utiliser l'essence. Dans ce dernier cas, le choix de carburation peut être effectué soit par l'utilisateur, soit par un système électronique gérant le passage en mode essence lorsque le réservoir de GNV est pratiquement vide.

Le GNV peut être stocké sous forme liquide ou gazeuse. Sous forme liquide, il occupe deux fois moins de place mais il reste quatre fois moins dense que l'essence ou le gazole. De plus, il faut alors le conserver à -162 °C dans un réservoir cryogénique. Sauf exception, il est donc stocké sous forme gazeuse dans un réservoir spécifique à une pression de l'ordre de 200 bars, complété de jauges de remplissage et de canalisations haute pression.

De tous les hydrocarbures, le gaz naturel est celui qui dégage le moins de monoxyde de carbone au moment de la combustion, laquelle ne produit ni oxyde de soufre, ni plomb, ni poussière, et très peu d'oxydes d'azote. Les émissions de CO_2 sont réduites de 25 % à 30 % par rapport aux carburants traditionnels et celles de dioxyde d'azote d'environ 40 %. Plus lente que celle des autres hydrocarbures, la combustion du gaz naturel permet une réduction significative des vibrations et par conséquent du volume sonore des moteurs. Un argument qui plaide aussi en faveur de son utilisation urbaine, notamment pour les autobus, les taxis et les véhicules de livraison.

Un million de véhicules dans le monde circulent au GNV dont 450 000 en Argentine, important producteur de gaz naturel, 350 000 en Italie et 75 000 aux États-Unis. En France, où l'on ne compte que 3 000 véhicules dont les trois quarts appartiennent à Gaz de France, la filière se développe par le marché des transports publics. Avec un parc comprenant plus de 700 autobus en 2002, ce secteur atteindra un stade industriel. Pour les véhicules particuliers et les utilitaires légers en revanche, l'offre GNV est rare et principalement limitée à ce que l'on appelle la « seconde monte », à savoir l'adaptation d'une carburation GNV non pas par le constructeur automobile mais par un équipementier indépendant. Quant aux véhicules de première monte, c'est-à-dire équipés d'origine par les constructeurs (VUL et VP de flotte), ils commencent à voir le jour. Il s'agit pour l'essentiel de modèles bicarburation conservant les réglages de base prévus pour l'essence mais aussi de véhicules dédiés, comme la version GNV du Van de Nissan.

Lancé en janvier 2000, il est le premier véhicule à avoir obtenu la certification « Low Emission Vehicle » du ministère japonais des Transports, garantissant que ses émissions d'hydrocarbures et d'oxydes d'azote sont inférieures de 75 % aux seuils fixés par les normes nippones de 2000. Inauguré en 1999, le système de certification nippon classe les véhicules en trois catégories en fonction de leurs émissions réduites de 25 %, 50 % ou de 75 % par rapport aux seuils réglementaires. Il vise à promouvoir les transports propres, les voitures labellisées bénéficiant de dégrèvements fiscaux et de subventions à l'achat. Les résultats du Van GNV de Nissan tiennent à l'utilisation du GNV et à son moteur équipé d'une injection multipoint et d'un pot catalytique. Ce véhicule sobre émet 25 % de CO_2 de moins que sa version essence.

Si les constructeurs automobiles s'accordent à dire que le GNV est une solution intéressante, en rupture avec les produits pétroliers, ils restent néanmoins prudents dans la mesure où l'ensemble du réseau de distribution est à construire. Au-delà de quelques flottes captives, le développement réel de la filière implique en effet la mise à disposition du GNV auprès d'un large public par un développement conséquent des stations dont le coût est malheureusement élevé. Ainsi l'alimentation d'une flotte de bus au gaz nécessite-t-elle une installation de remplissage qui comprend des réservoirs spéciaux et une unité de compression, soit un investissement de l'ordre de 450 000 euros.

L'hydrogène

D'une grande souplesse, le moteur à combustion interne peut aussi accepter l'hydrogène comme carburant. Réagissant avec l'oxygène de l'air, il ne produit alors que de l'eau. Certains constructeurs expérimentent cette technologie. Ainsi BMW, qui dispose d'une flotte de véhicules à l'hydrogène, s'est-il associé à BP pour une étude complète de la viabilité du système. L'hydrogène suppose en effet des infrastructures d'approvisionnement spécifiques et certaines précautions d'utilisation.

LES BIOCARBURANTS

Les biocarburants et les bioénergies ont accompagné l'histoire de l'humanité depuis ses origines. La traction animale, les moulins crétois ou la marine à voile : presque toutes les sources énergétiques disponibles pour assurer le développement humain étaient renouvelables jusqu'à la révolution industrielle du XIXe siècle. Établie sur l'utilisation massive des ressources fossiles non renouvelables (charbon, pétrole, gaz), cette révolution a modifié l'ensemble des activités humaines.

Depuis la mise en évidence du phénomène d'effet de serre, la biomasse fait l'objet d'un regain d'intérêt. Les pétroliers considèrent que les énergies alternatives – hydrogène, biomasse, solaire, vent – pourraient représenter, tous secteurs confondus (industrie, habitat-tertiaire, transport et agriculture) environ 50 % de la consommation d'énergie à l'horizon 2050, contre 1 % aujourd'hui.

Concernant les transports, deux types de biocarburants coexistent : l'ETBE (éthyle tertio-butyl éther), adapté aux moteurs à essence et préparé à partir d'éthanol issu de la production de betteraves ou de céréales, et les EMHV (esters méthyliques d'huiles végétales), destinés à être incorporés dans le gazole. Ces incorporations ne nécessitent ni adaptation des moteurs, ni correction de l'injection, ni mise en place d'un réseau de distribution spécifique.

Le Diester

Il s'agit d'un mélange de gazole et d'ester méthylique d'huile végétale (EMHV) généralement extraite du colza et du tournesol, destiné exclusivement aux véhicules Diesel. Sa formule moyenne contient 11 % d'oxygène, un facteur améliorant la combustion.

Au début des années 1980, la PAC (Politique agricole commune de l'Union européenne) et les futures négociations internationales sur le GATT (General Agreement on Tariffs & Trade) avaient placé la diversification des débouchés comme un objectif prioritaire de la profession agricole française. Dans ce contexte, la possibilité de transformer des huiles végétales produites en France en carburant directement substituable au gazole constituait une occasion à saisir pour la filière des oléagineux. La perspective de 500 000 tonnes d'esters parut tout à fait réaliste. Cette quantité représente moins de 2 % de la consommation de gazole en France, mais environ 400 000 hectares d'huile végétale à vocation industrielle. L'enjeu semblait donc particulièrement intéressant pour l'agriculture française.

La genèse industrielle du Diester, appelé aussi bio-Diesel, remonte à 1981, lorsque l'IFP (Institut français du pétrole) lançait les premières études sur le sujet avec le soutien de l'Agence de l'environnement et de la maîtrise de l'énergie (ADEME), en collaboration avec PROLEA, la filière française des oléagineux et des protéagineux, les pouvoirs publics, TotalFinaElf et les constructeurs automobiles. Il fut établi que l'EMHV ne soulevait aucun problème technique, et qu'il possédait en outre de nombreux avantages pour l'environnement.

S'il peut s'utiliser en mélange de divers dosages avec le gazole, c'est à 30 % d'incorporation que l'optimum technique et environnemental du produit est atteint. Dans cette proportion, le Diester 30 réduit de 22 % environ les émissions de particules par rapport au gazole. Quant à son bilan de CO_2, il est proche de l'équilibre dans la mesure où les émissions générées par sa combustion sont équivalentes à la quantité de CO_2 absorbée par les plants oléagineux, comme le colza, lors de la photosynthèse.

Les premières expérimentations Diester sur une flotte de véhicules débutent en 1988 au sein d'une coopérative agricole. Elles seront suivies, deux ans plus tard, d'une application aux flottes captives (bus, voitures légères et véhicules utilitaires) de certaines collectivités locales. Aujourd'hui quelque 4 000 de ces véhicules circulent en France – poids lourds, bennes à ordures, autobus, petits utilitaires et véhicules particuliers –, totalisant plus de 200 millions de kilomètres parcourus. Créé en janvier 1994 par 17 villes fondatrices, le Club des villes Diester regroupe désormais une trentaine d'agglomérations. Réseau d'échanges d'informations et d'expériences sur l'utilisation du Diester, l'association, présidée par Charles Descours, sénateur de l'Isère, entend promouvoir l'intérêt écologique et agricole de ce carburant, notamment auprès des gestionnaires des flottes captives mais aussi auprès des pouvoirs publics en assurant un rôle d'interlocuteur dans toute réflexion menée en matière de pollution urbaine, d'aménagement du territoire et de développement durable.

Présentant un éco-bilan très favorable, l'ester, énergie renouvelable issue de la biomasse, contribue à l'aménagement rural et à la réduction de la dépendance énergétique. Il est directement substituable au gazole, et son usage n'induit aucune contrainte technique. Aucune modification moteur n'est nécessaire sur la plupart des véhicules poids lourds ou légers.

Le Diester, en effet, a des caractéristiques physico-chimiques très proches de celles du gazole routier alors que celles des huiles végétales s'en distinguent sur certains points, dont les indices de cétane et de viscosité. Une caractéristique qui rend son usage réversible, autrement dit un véhicule peut partir avec du Diester 30 et, si nécessaire, effectuer un plein de gazole traditionnel en cours de parcours.

Au taux d'incorporation de 30 % dans le gazole, il convient particulièrement aux flottes captives urbaines par ses qualités environnementales. Au-delà de ce pourcentage, il peut être nécessaire (en particulier sur les pompes rotatives) d'adapter les caoutchoucs – ou élastomères – en contact avec le circuit carburant. C'est la solution adoptée, entre autres, par l'Allemagne où les modifications sont effectuées dès l'amont dans les chaînes de production des véhicules qui utilisent ainsi du bio-ester pur. La France, quant à elle, a opté pour une stratégie de mélange qui permet d'éviter cette adaptation mais suppose toujours le recours au gazole.

Quoi qu'il en soit, ce biocarburant possède encore un fort potentiel d'amélioration, avec la reformulation de la teneur de soufre du gazole, les progrès du pot catalytique ou encore avec l'expérimentation de nouvelles formules dont le mélange Diester et Aquazole.

Développé au cours des années 1990 par TotalFinaElf, l'Aquazole est un mélange d'environ sept mesures de gazole pour une mesure d'eau, complété d'additifs spécifiques pour stabiliser le mélange. Par rapport au gazole, cette émulsion réduit les émissions de particules et de fumées noires d'environ 50 % et celles d'oxydes d'azote (NOx) de 15 % à 30 %. Dans un premier temps, elle n'est pas destinée aux voitures particulières mais aux véhicules des flottes captives urbaines à moteur Diesel constituées par les transports en commun urbains et interurbains, bus et autocars, ainsi qu'aux poids lourds urbains de livraison et aux bennes de ramassage.

L'ETBE

Destiné aux moteurs à essence, l'ETBE (éthyle tertio-butyl éther) est issu à 45 % d'éthanol – alcool de blé ou de betterave – et à 55 % d'isobutylène, dérivé d'hydrocarbures. Il est parfaitement miscible avec les hydrocarbures, et son adjonction à hauteur de 15 % dans les essences permet d'accroître l'indice d'octane tout en ayant des effets positifs sur les émissions polluantes.

Depuis quelques années, en France, Total incorpore de l'ETBE dans les carburants sans plomb produits dans certaines de ses raffineries. Mais pour l'heure, les volumes restent marginaux par rapport au marché.

Au cours de l'année 1999, néanmoins, plus de 246 000 tonnes de Diester et 193 400 tonnes d'ETBE, correspondant à 90 900 tonnes d'éthanol, ont été commercialisées sur le territoire français, représentant 350 000 hectares de terres cultivées (blé, betterave, oléagineux) à des fins non alimentaires.

Le handicap d'un usage plus massif des biocarburants, Diester et ETBE, réside dans leur prix de revient, environ quatre fois supérieur à celui des carburants classiques. Il s'agit donc aujourd'hui d'un domaine dont le développement est dépendant d'une politique d'aide publique par une défiscalisation partielle, en France, de la TIPP (taxe intérieure sur les produits pétroliers), un soutien qui représentait un peu plus de 150 millions d'euros en 1999.

Mais en termes de réduction du CO_2 et des émissions polluantes comme de débouchés agricoles et d'emplois, les biocarburants présentent d'incontestables atouts. Ainsi, parmi leurs défenseurs, M. Philippe Desmarescaux dans un rapport intitulé « Situations et perspectives des productions agricoles non alimentaires » commandé par le Ministère français de l'Agriculture préconise-t-il leur utilisation systématique dans les zones urbaines, une solution qui reviendrait à envisager des carburants spécifiques aux « grandes villes ».

« Il s'agirait de concentrer l'usage des biocarburants là où leur potentiel de réduction de la pollution a le plus de valeur pour la collectivité, à savoir les grandes agglomérations, et s'il faut fixer un seuil, celles de plus de 250 000 habitants. À l'intérieur de ces zones sensibles, les carburants modifiés se substitueraient totalement, à la pompe, aux carburants habituels. Des capacités de stockage et de transport dédiés à ces nouveaux carburants devraient être mises en œuvre. À titre d'exemple, il semble que la conversion de l'agglomération parisienne (20 % de la consommation nationale) à un gazole et une essence "propres" pourrait être réalisée moyennant des aménagements économiquement acceptables dans les raffineries concernées.

La compatibilité avec le parc de véhicules existant permettrait d'escompter un effet sur la pollution atmosphérique plus rapide et moins coûteux que d'autres solutions concurrentes qui, elles, nécessitent un renouvellement ou des modifications importantes du parc (GPL, GNV, véhicules électriques) et du mode de distribution de l'énergie. »

6

Vaincre les résistances

Le poids, la résistance à la pénétration dans l'air, les frottements internes au véhicule et la résistance au roulement des pneumatiques sont autant de forces qui freinent la voiture. Les réduire permet de diminuer fortement la consommation d'énergie.

Pneumatique et résistance au roulement

Le pneumatique est responsable aux vitesses courantes d'utilisation d'une part non négligeable – de l'ordre de 20 % – de la consommation de carburant d'une voiture particulière. Néanmoins, la recherche dans ce domaine a progressé dans des proportions importantes. Ainsi, au tout début de l'automobile, en 1900, la résistance à l'avancement d'un pneu était de 25 kilos/tonne mais en 1946, avec le lancement du pneu Radial Michelin, elle a été réduite à 14 kilos/tonne. En 1992, Michelin franchissait une autre étape décisive en associant une silice originale et un élastomère de synthèse spécifique dans la composition du pneumatique. Le mélange ainsi obtenu a permis l'élaboration de pneumatiques présentant, entre autres caractéristiques, une faible résistance au roulement, sans perdre les qualités d'adhérence, de sécurité et de résistance à l'usure des mélanges traditionnels. Cette innovation a donné naissance au pneu « vert » Michelin Energy, lequel a encore fait chuter la résistance au roulement à moins de 10 kilos/tonne, entraînant ainsi des gains de consommation comparables à ceux apportés par une nouvelle génération de moteurs. Les dernières évolutions en la matière permettent d'atteindre aujourd'hui 8 kilos/tonne, voire 6 kilos/tonne dans l'équipement de certains prototypes, ce qui représente une économie de carburant considérable. Une économie annuelle supérieure à 14 milliards de litres de carburant, environ le tiers de la consommation globale d'un pays comme la France, pourrait être réalisée si l'ensemble du parc mondial adoptait des pneus de ce type. Une réduction de consommation d'énergie qui éviterait de rejeter, chaque année, quelque 30 millions de tonnes de CO_2 dans l'atmosphère[1].

C'est avec ce même souci d'écologie en tête que Michelin a développé son PAX SYSTEM qui, tout en apportant de nouveaux éléments de sécurité, réduit encore la résistance au roulement.

Plus la consommation d'un véhicule est faible, plus la contribution du pneumatique dans cette consommation augmente. Ainsi, pour un véhicule consommant 8 litres aux 100 km, la part du pneu s'établit entre 20 % et 25 %. En revanche, pour un véhicule consommant 3 litres aux 100 km, elle s'élève à hauteur de 40 % à 50 %. Autrement dit, le pneumatique devient un élément de plus en plus déterminant dans la consommation globale de l'automobile, d'où l'intérêt pour le consommateur de bénéficier des technologies les plus avancées.

1. Sur une base de consommation moyenne de 7,5 litres aux 100 kilomètres et d'un trajet moyen annuel de 14 000 kilomètres.

Aérodynamisme

L'amélioration du coefficient de pénétration dans l'air (Cx) joue aussi un rôle important dans la réduction de la consommation de carburant. Le Cx moyen des voitures particulières qui se situait à 0,5 dans les années 1970 est tombé à 0,3 au milieu des années 1980. Actuellement, les constructeurs sont engagés dans des travaux qui devraient établir le Cx moyen aux environ de 0,2 à l'horizon 2010 mais certains modèles commercialisés ont déjà un Cx exceptionnel, tel celui de la Honda Insight qui s'établit à 0,18.

La réduction de la masse

La réduction de la masse des véhicules constitue une préoccupation majeure des constructeurs comme des équipementiers. Un gain de 100 kilos revient à réduire la consommation d'un véhicule de 0,6 litres aux 100 km, ce qui est considérable mais représente un réel défi car le dilemme est le suivant : les progrès réalisés en matière de confort (climatisation, direction assistée, vitres électriques), de silence (isolants acoustiques), de sécurité (ABS, airbags) et de dépollution (pot catalytique) nécessitent autant d'appareillages auxiliaires qui, eux, se traduisent naturellement par une augmentation de poids. On considère aujourd'hui que l'ensemble des dispositifs cités contribue pour quelque 30 % à la masse du véhicule. En France, l'Agence de l'environnement et de la maîtrise de l'énergie (ADEME) indique, pour les voitures neuves, une augmentation de la masse unitaire moyenne de 19,9 % ces dix dernières années. Les efforts des constructeurs pour diminuer les émissions de polluants ne sont pas toujours compatibles avec une diminution de la consommation moyenne.

La recherche n'est toutefois pas prisonnière de cette contradiction. Pour alléger une automobile, diverses solutions existent et elles portent essentiellement sur la diversification des matériaux la constituant. Néanmoins, le choix des matériaux n'est pas exclusivement déterminé par leur masse, à propriétés équivalentes. De nombreux critères entrent en ligne de compte et parmi eux : la fiabilité d'approvisionnement, la maîtrise de la transformation, la connaissance du vieillissement ou la faculté de recyclage de ces matériaux. Rappelons à ce sujet qu'à l'horizon 2015, une automobile devra être recyclée à 95 % au moins.

Les solutions les plus innovantes dans le domaine de la réduction de poids se basent toutes sur le même concept : un usage plus modéré de l'acier qui dominait jusqu'à présent pour la recherche du matériau le mieux adapté à chacun des éléments considérés. L'automobile devient ainsi une sorte de pêle-mêle, un composite de matériaux d'ailleurs souvent eux-mêmes composites, c'est-à-dire formés de plusieurs constituants afin d'obtenir des propriétés mécaniques particulières.

Au premier rang du facteur allègement, l'usage de l'aluminium – deux fois plus léger que l'acier – est appelé à une forte croissance. Depuis quelques années, il est d'ailleurs le matériau qui progresse le plus dans l'industrie l'automobile : environ + 6 % par an. Aujourd'hui une voiture européenne contient en moyenne 85 kilos d'aluminium pour un poids moyen d'environ 1 100 kilos et il est prévisible que cette part sera doublée d'ici une dizaine d'années. L'aluminium est, en effet, applicable à de nombreuses pièces, du bloc moteur aux essieux, des éléments de carrosserie aux roues. Solide, résistant remarquablement à la corrosion et apte à absorber de grandes quantités d'énergie en se déformant en cas de choc, il augmente la sécurité passive du véhicule.

Il est d'autre part recyclable à l'infini sans altération de ses qualités. 90 % de l'aluminium contenu dans les voitures est d'ores et déjà recyclé après collecte et tri.

En termes d'utilisation étendue de l'aluminium, c'est actuellement l'Audi A2, présentée au salon de Francfort 1999, qui fait figure de précurseur. Il s'agit du premier véhicule de grande série équipé d'une carrosserie tout alu. Avec un poids à vide de 895 kilos, elle affiche environ 150 kilos de moins que les voitures classiques de son segment…

Plus légers que l'aluminium, les plastiques sont aussi appelés à se développer, le plus souvent sous forme composite, en association avec les métaux, acier ou aluminium. En 1985, on évaluait à 70 kilos en moyenne la masse de matières plastiques utilisées dans une voiture particulière. Elles sont aujourd'hui en augmentation soutenue et s'appliquent à de nombreux éléments de la carrosserie et du châssis tels que les portes, les ailes, les calandres, les coffres, les toits, les pare-chocs, les poutres, les renforts latéraux ou les ressorts. Elles ont également investi l'intérieur de l'habitacle où elles composent les planches de bord, les panneaux des portes et les sièges.

Parmi les applications prochaines des matières plastiques à l'automobile, les vitres constituent un secteur de croissance important. L'Opel Astra ou la Renault Clio utilisent déjà les polycarbonates pour les diffuseurs de leurs projecteurs, ce qui permet un gain de 1 kilo par rapport aux modèles en verre. Depuis 1998, Bayer et General Electric sont associés au sein d'une joint-venture consacrée au développement de vitrages en polycarbonate pour l'automobile. Plus légers, ils seront aussi plus sûrs car la ténacité élevée de la matière plastique fait qu'ils ne se brisent pas en éclats en cas de collision.

Le carbone, le titane et les céramiques figurent aussi parmi les matériaux dont l'usage devrait croître. L'acier cependant n'est pas appelé à disparaître mais à se sophistiquer par l'usage de produits de plus en plus techniques dont la haute limite d'élasticité permet de diminuer son épaisseur. C'est en utilisant des aciers plus minces que l'équipementier Faurecia a pu réduire de 30 % la masse de la ligne d'échappement de la Volkswagen Lupo 3L, véritable concentré de nouvelles technologies. Ayant pour mission principale de travailler sur la réduction de poids, ses concepteurs ont d'abord envisagé le titane, solution écartée en raison d'un coût excessif. Outre un emploi intensif de l'aluminium, de l'acier à paroi mince, elle utilise donc le magnésium, autre matériau ultraléger dont les applications, nombreuses dans l'aérospatiale et l'aviation, se développent aujourd'hui dans l'automobile, notamment pour les colonnes de direction (Ford), les traverses de planches de bord (Fiat) ou la structure des sièges (Mercedes). En ce qui concerne la Lupo 3L, il entre dans la composition de l'armature du volant et du hayon arrière. 80 % des pièces de la carrosserie et des éléments mécaniques constituant ce véhicule sont inédites. Résultat : un gain de 120 kilos par rapport aux autres modèles de la gamme, soit un poids total de 830 kilos.

7

La voiture électrique

zéro émission locale

L'électricité appliquée à la motorisation automobile est loin d'être un nouveau concept. L'apparition des premiers véhicules électriques à batteries remonte en effet aux balbutiements des « voitures sans chevaux », dans ces années 1880-1890 où trois motorisations se livrèrent un bref combat : la vapeur, le pétrole et l'électricité. On en connaît l'issue, néanmoins l'électricité réussit alors quelques exploits notables. Le plus symbolique d'entre eux date du 1er mai 1899 : la scène se déroule à Achères, à l'ouest de Paris, où un certain Camille Jenatzy passe pour la première fois le seuil des 100 km/h au volant d'une automobile. Sa voiture, la Jamais-Contente, qui ressemble à un obus juché sur quatre pneus (des Michelin, déjà !), entre dans l'histoire et elle est équipée d'un moteur électrique…

Immédiatement confrontée aux questions d'encombrement et d'autonomie des batteries, l'électricité sera définitivement supplantée dans les courses qui suivront. Accompagnant les progrès du moteur à explosion, le pétrole entame une ascension jamais démentie. Pourtant, au début du XXe siècle, les deux motorisations cohabiteront encore quelque temps.

Ainsi, avant la Première Guerre mondiale, des taxis électriques circulent à Londres comme à Paris et un tiers des premiers automobilistes américains roulent à l'électricité. Mais au cours des années 1920, le déclin est scellé : les distances parcourues augmentent, les stations-service de carburant se multiplient tandis qu'on ne trouve pratiquement aucune borne électrique. Le véhicule électrique disparaît, victime de ce qui constitue aujourd'hui encore son point faible, une autonomie limitée.

Ce n'est que dans les années 1970 qu'on perçoit un regain d'intérêt pour l'électricité. Le choc pétrolier et la politique de lutte contre la pollution atmosphérique qui se concrétise aux États-Unis par l'adoption de la loi sur l'air réglementant les concentrations d'émissions (Clean Air Act) attirent de nouveau l'attention sur cette solution propre. Depuis les années 1990, les voitures électriques sont produites en petites séries (moins de 100 par mois) par plusieurs constructeurs.

Outre leur fonctionnement silencieux, les véhicules électriques ne produisent aucune émission sur le lieu d'utilisation et en cela ils sont les plus propres, avec les véhicules à hydrogène et les véhicules solaires. Mais la commercialisation de ces derniers demeure pour l'instant improbable compte tenu des faibles rendements des cellules photovoltaïques. Cependant, il faut considérer que tout véhicule électrique à batteries nécessite par ailleurs des sources de production d'énergie électrique pouvant être à l'origine d'importantes émissions de CO_2 (le charbon) ou de défis écologiques importants (le nucléaire), à moins d'utiliser l'énergie solaire pour la recharge, ce qui est déjà le cas à San Diego et au Civic Center de Santa Monica en Californie, qui peut charger sept voitures simultanément.

Économique – le prix d'une recharge complète n'excède pas 1,5 euro – et beaucoup plus simple qu'un moteur thermique, le moteur électrique possède un autre atout : sa transmission électromécanique, qui ne nécessite ni embrayage, ni boîte de vitesses, voire d'arbre de transmission. Des caractéristiques qui se traduisent par un bruit très faible, un entretien minime et une grande fiabilité : la durée de vie d'un moteur de ce type est de l'ordre de 1 million de kilomètres. De plus, il a la faculté de pouvoir récupérer l'énergie cinétique du véhicule lors des phases de ralentissement ou de freinage.

Robustes, les véhicules électriques actuels offrent un réel confort de conduite et des performances plus qu'honorables. Ainsi, le dernier prototype de Ford, la E-Ka au lithium-ion, présente au Challenge Bibendum 2000, réalise le 100 km/h en 12,7 secondes et peut atteindre 150 km/h.

Les ingénieurs travaillent toujours sur l'amélioration de l'autonomie des accumulateurs. La technologie des batteries nickel-cadmium (Ni-Cd) n'autorise encore qu'un parcours de l'ordre de 80 kilomètres pour un temps de recharge de 7 à 8 heures, mais les prochaines générations de batteries, nickel-métalhydrure (Ni-MH) et plus encore lithium-ion (Li-ion) laissent entrevoir des progrès importants. En production à l'horizon 2003, l'accumulateur lithium-ion sera deux fois plus léger à capacité équivalente que la batterie nickel-cadmium. À poids égal, il offre une autonomie de 200 kilomètres ou une réduction de son coût par trois pour une autonomie identique (80 kilomètres). Dès 1998, lors de la première édition du Challenge Bibendum, une Nissan lithium-ion, dont la vitesse de pointe atteignait 150 km/h démontra une autonomie supérieure à 220 kilomètres.

Ces nouvelles batteries dont l'usage est à présent banalisé par les téléphones portables et qui n'ont pas d'effet de mémoire (elles ne nécessitent pas une décharge complète avant la recharge) confèrent au véhicule électrique un réel potentiel de développement. Non pas encore pour de longs parcours mais très certainement pour des liaisons urbaines et périurbaines. Aujourd'hui, quelque 20 000 véhicules électriques sont en circulation dans le monde, dont 5 000 en France et 6 000 aux États-Unis. Une représentation marginale qui, pour l'instant, concerne essentiellement les flottes des services publics, des collectivités locales et de certaines entreprises. En France, tel est évidemment le cas d'EDF qui possède près du quart du parc national.

Particulièrement adaptée à la ville, la motorisation électrique permet de concevoir une diversification de l'automobile, avec l'apparition de véhicules spécifiquement urbains, non polluants, silencieux, légers et compacts. Explorée par les constructeurs à travers une très large gamme de concept-cars, cette solution participe d'une nouvelle utilisation de l'automobile, elle-même tributaire d'une évolution des mœurs.

Le véhicule électrique urbain encourage le remplacement de la voiture généraliste – souvent surdimensionnée, surmotorisée, et sous-utilisée en ville – par de nouvelles pratiques privilégiant l'usage du véhicule davantage que sa propriété. Depuis le lancement de la Smart en 1998, MCC propose aux acheteurs la location d'une voiture plus grande à des conditions spéciales négociées avec son partenaire Avis... La diffusion récente de ces nouveaux modes de propriété par les constructeurs peut clairement favoriser l'expansion du véhicule urbain. De même, la propagation des véhicules en libre service pourrait être déterminante pour l'avenir de ces voitures. Enfin, parmi les autres phénomènes susceptibles de stimuler la constitution de flottes de véhicules propres, les incitations fiscales ont un rôle à jouer. Le développement de cette pratique pourrait aider à la constitution d'un marché pour un véhicule adapté aux déplacements en ville.

8

La voiture hybride

Développée au cours des années 1980, la technologie hybride est une réalité commerciale depuis décembre 1997, date à laquelle Toyota a lancé au Japon son modèle Prius.

Voie médiane entre la motorisation thermique traditionnelle et la motorisation électrique, la motorisation hybride entend concilier l'avantage du véhicule électrique, l'émission zéro, et les prestations du thermique, son autonomie et sa polyvalence. Autrement dit, la propulsion d'un véhicule hybride utilise deux sources d'énergie et nécessite deux moteurs, un moteur à combustion conventionnel et un moteur électrique. Cette configuration admet deux types d'architecture, « hybride série » ou « hybride parallèle », que les constructeurs expérimentent encore simultanément car chacune présente ses avantages.

L'hybride série fait le choix d'une propulsion intégralement électrique. Le moteur à combustion est connecté à une génératrice produisant de l'électricité. Cette énergie est emmagasinée ou directement utilisée pour entraîner un ou plusieurs moteurs électriques qui fournissent la puissance nécessaire à la propulsion. En ville, la batterie permet de rouler sur des trajets courts en tout-électrique et, sur route, un alternateur entraîné par un moteur thermique assure l'alimentation en électricité, donc le fonctionnement normal du véhicule et la charge de la batterie. Pour les reprises lors des dépassements ou encore dans les côtes, c'est la batterie qui fournit le supplément d'énergie. Le moteur thermique peut être un moteur Diesel ou à essence. Il n'a pas de liaison avec les roues du véhicule et ne fait que produire de l'électricité à bord. La gestion des deux sources d'énergie est réalisée en permanence par un « superviseur » électronique.

Dans l'option hybride parallèle, solution adoptée sur les modèles actuellement commercialisés, la voiture est équipée d'une double propulsion thermique et électrique. Le moteur électrique et le moteur thermique, à essence ou Diesel, entraînent les roues du véhicule par liaison mécanique comme dans un véhicule classique. Le moteur électrique, généralement de faible puissance, autorise dans certains cas, en ville, une utilisation tout-électrique.

Concrètement, au démarrage, à l'arrêt ou à faible vitesse, la voiture fonctionne en mode électrique, mais dès que l'accélération devient plus franche, le moteur à essence s'anime automatiquement. Dans les phases de décélération et de freinage, l'énergie cinétique du véhicule est transformée par le moteur électrique en électricité afin de recharger les batteries. Le dispositif est ainsi rigoureusement autonome.

Actuellement, les premiers véhicules du marché, la Prius de Toyota, berline 5 places, et l'Insight de Honda, coupé 2 places plus léger commercialisé depuis novembre 1999, affichent respectivement 5,1 litres aux 100 km et 3,4 litres aux 100 km pour des performances identiques aux véhicules traditionnels. Ils permettent donc de considérables réductions de consommation et par conséquent d'émissions de CO_2. Ainsi le modèle Toyota émet-il 120 grammes par kilomètre et celui de Honda 80 grammes par kilomètres. Au Japon, une Nissan Tino hybride est commercialisée en petite quantité depuis 1998 et Toyota a proposé en juin 2001, une version hybride de son monospace Estima (Previa en Europe).

En Europe, au Japon comme aux États-Unis, chaque constructeur a aujourd'hui un ou plusieurs prototypes hybrides dans ses cartons car cette solution représente une alternative immédiate à l'impératif de réduction des émissions de CO_2, et de moindre pollution urbaine. Elle n'induit pas la rupture technologique que représentera la pile à combustible mais il s'agit d'une solution réaliste à court terme. Voilà pourquoi cette option a été retenue par le programme américain PNGV (Partnership for a New Generation of Vehicles) lancé en 1993.

Aux États-Unis, ce partenariat entre le gouvernement et les « trois grands » – Daimler Chrysler, Ford, General Motors – associés aux équipementiers, aux laboratoires nationaux et à certaines universités, a pour objectif d'élaborer un nouveau véhicule qui, à l'horizon 2004, diviserait par trois la consommation moyenne de la voiture américaine d'aujourd'hui pour atteindre les 3 litres aux 100 km. Parmi les solutions à l'étude, on retrouve les technologies de l'injection directe et du moteur hybride, le recours à la pile à combustible et l'allègement du véhicule par l'usage de l'aluminium, des aciers spéciaux et des composites.

En 2000, trois véhicules étaient réalisés dans le cadre du PNGV, chacun privilégiant la solution hybride Diesel/électrique sur la base d'une berline familiale américaine actuelle.

Le Dodge ESX3 de Daimler Chrysler, qui fait appel à des panneaux de plastique thermoformés pour la carrosserie, à l'aluminium et aux composites pour le châssis, ne pèse que 1020 kilos, une performance pour ses dimensions – 4,90 m de long, 1,88 m de large et 3 m d'empattement. Tout aluminium, son moteur Diesel est un 1,5 litre à injection directe de 74 chevaux alimenté au gazole sans soufre. Quant au moteur électrique qui l'assiste, il développe 20 chevaux et est alimenté par 48 kilos de batteries lithium-ion fabriquées par Saft. Avec 3,26 litres aux 100 km, sa consommation reste néanmoins légèrement supérieure à l'objectif fixé de 80 mpg (*miles per gallon*), soit 2,94 litres aux 100 km.

Selon Daimler Chrysler, l'ESX3 ne coûterait que 7 500 dollars (7 800 euros) de plus qu'une Dodge équivalente une fois produite en série, soit moins de 30 000 dollars (30 450 euros).

Un peu plus lourde, la Ford Prodigy – 1 085 kilos – réussit néanmoins à gagner 450 kilos sur la berline américaine traditionnelle en privilégiant la solution aluminium pour le moteur et la carrosserie. En outre, la fibre de carbone, le magnésium et le titane sont employés dans de nombreuses pièces. Elle est équipée d'un petit moteur Diesel de 1,2 litre de 4 cylindres à injection directe développant 74 chevaux et d'un moteur électrique fournissant 47 chevaux complémentaires. À l'instar de l'ESX3, sa consommation est elle aussi légèrement supérieure à 3 litres aux 100 km, 70 *miles per gallon*, soit 3,36 litres aux 100 km. Ford, dont le président, Bill Ford, estime que l'industrie automobile doit effectuer « sa révolution propre » a annoncé pour 2003 la production et la commercialisation d'un véhicule électrique hybride de taille familiale, mais celui-ci n'adoptera pas toutes les innovations du Prodigy, lesquelles, selon Rick Wells, le designer responsable du projet, demeurent trop onéreuses.

Quant au prototype présenté par General Motors, le Precept, il est le seul pour l'instant à atteindre les 80 mpg avec un Cx de 0,17. Il s'agit de l'automobile roulante la plus aérodynamique du monde. Aucune aspérité ne vient perturber sa ligne : se substituant aux rétroviseurs, deux minicaméras restituent la vision latérale sur deux monitors à l'intérieur de l'habitacle, une solution également adoptée par le Ford Prodigy. Par ailleurs, GM présentait aussi son Precept en version pile à combustible avec une consommation homéopathique équivalente à 105 mpg. Concernant l'option hybride, GM considère qu'un véhicule similaire au Precept pourrait être commercialisé à l'horizon 2005 en estimant que les préoccupations environnementales sont appelées à jouer un rôle croissant dans le choix des véhicules.

La diversité de ces projets laisse envisager que la toute première génération de véhicules hybrides n'est qu'une transition vers d'autres technologies encore plus performantes.

9

La pile à combustible

Inventée par le Britannique William Grove dès 1839, la pile à combustible restera durant près d'un siècle une curiosité. Quelques expérimentations auront lieu au cours des décennies 1930-1950, mais ce sont les travaux de la NASA qui seront déterminants. En quête d'un générateur électrique pour fournir l'énergie à bord des futures missions spatiales, l'agence américaine va en effet engager un vaste programme destiné à couvrir les différents aspects du fonctionnement de ce procédé. À partir de 1962, un module de pile à combustible fabriqué par General Electric équipera les missions Gemini. Cependant, l'hypothèse d'une application plus vaste pouvant inclure le secteur des transports ne paraît pas alors pertinente. Aux États-Unis comme en Europe et au Japon, où l'on a également entrepris des recherches, une unanimité se dégage pour juger celles-ci peu concluantes, hasardeuses et beaucoup trop onéreuses pour être poursuivies.

Le principe de la pile à combustible consiste à produire, par électrolyse inverse, de l'électricité à partir de la réaction chimique entre l'oxygène et l'hydrogène, disponibles en grande quantité.

Appliqué à l'automobile, ce procédé est très prometteur car il offre l'avantage de la propulsion électrique

– le « zéro émission » et le silence – sans ses inconvénients majeurs, à savoir une autonomie restreinte et les problèmes liés à la production massive d'électricité.

Dans ce domaine, c'est au Canadien Geoffrey Ballard que revient la première transposition de cette technologie spatiale au monde automobile. Durant la première crise pétrolière, cet ingénieur et géophysicien formé aux universités de Washington et d'Harvard travaille pour le gouvernement américain. Comme bon nombre de chercheurs, il est chargé de trouver des moyens de réduire la dépendance pétrolière. Cependant, ses travaux portent sur le long terme et ils n'enthousiasment pas sa hiérarchie, plus encline à privilégier les solutions rapides. Geoffrey Ballard démissionne pour fonder sa propre société en 1976. Il s'engage dans l'électrochimie et la mise au point d'une batterie au lithium rechargeable avant de focaliser son activité sur la pile à combustible, procédé que l'armée canadienne souhaite alors étudier.

Nous sommes en 1983 et commence l'une de ces histoires dont l'industrie raffole, celle où l'entrepreneur appareille avec pour seul viatique une solide intuition et une ambition forte. Comme tant d'autres start-up, celle de Ballard naît dans un garage. Là, dans la banlieue de Vancouver, une poignée d'ingénieurs s'aventurent dans un domaine où le géant General Electric avait échoué : celui de la réduction du coût de la pile qui nécessitait, dans le programme Gemini, une quantité d'or et de platine trop importante pour envisager une production en série.

Dans l'indifférence générale, Ballard va réaliser des progrès considérables sur la membrane de la pile à combustible. Pour pallier le manque d'intérêt qui se traduit par de grosses difficultés à trouver des financements, Geoffrey Ballard décide de faire un coup d'éclat :

adapter un bus Diesel à son procédé. Le pari semble si insensé qu'il éprouve des difficultés à recruter des ingénieurs. Néanmoins, en juin 1993, lors d'une conférence de presse en présence du Premier ministre canadien, il présente son bijou devant les caméras des chaînes de télévision du pays : un autocar rouge et bleu dans lequel les invités s'engouffrent ; il est aussi silencieux qu'une voiture électrique et son « pot d'échappement » aux allures de simple tuyau d'arrosage ne rejette dans l'atmosphère que de la vapeur d'eau…

Le premier véhicule mû par une pile à combustible est né, et bientôt les villes de Chicago et de Denver commandent chacune trois autobus qui, à l'unité, coûtent alors six fois plus cher que leur équivalent à moteur Diesel. Le rêve de Geoffrey Ballard s'est réalisé et sa société se retrouve désormais face à des constructeurs automobiles hypnotisés par ces bus non polluants.

En ce début des années 1990, c'est l'époque de la deuxième révision de la loi sur l'air aux États-Unis (Clean Air Act) suivie, en Californie, par cette décision que seuls, à l'horizon 2003, les constructeurs pouvant justifier de 10 % de ventes de véhicules à pollution nulle (ZEV) seront autorisés à commercialiser leurs véhicules. Malgré cette incitation californienne, les premiers constructeurs automobiles à s'engager aux côtés de Ballard ne seront pourtant pas les Américains mais Daimler Benz, qui annonce investir 300 millions de dollars dans Ballard Power Systems. Le départ de la course à la voiture verte est lancé. Ford, peu après, investit à son tour 400 millions de dollars dans la société canadienne, désormais leader mondial de cette technologie.

Chez Daimler Benz, on se penche immédiatement sur l'adaptation du procédé Ballard en se heurtant à la question de sa miniaturisation. Dans les premiers prototypes de 1994, la pile à combustible occupait l'arrière d'une camionnette ; trois ans plus tard, les progrès sont significatifs : elle tient désormais dans le coffre d'une Mercedes Classe A. Aujourd'hui, elle est même logée dans le plancher du véhicule. En 1999, lors de la présentation d'un de ses prototypes Necar (pour New Electric Car), le responsable du projet assure que ce véhicule affichant une vitesse de 145 km/h pour une autonomie de 450 kilomètres, performances démontrées lors du Challenge Bibendum 2000, est susceptible d'être produit pour un prix acceptable. La même année, Jurgen Schrempp, le patron de Daimler Chrysler (entre-temps, en 1998, Daimler Benz a racheté Chrysler pour créer Daimler Chrysler), confirme ces propos optimistes en déclarant que son groupe entend commencer la commercialisation de voitures à pile à combustible dès 2004… une annonce qui stupéfait le microcosme des constructeurs.

Aujourd'hui, tous les grands constructeurs regardent la pile à combustible comme le véritable avenir de l'automobile. Le Japon prévoit de faire rouler 50 000 véhicules ainsi équipés d'ici à 2010. Au-delà du secteur des transports, le marché potentiel de ce procédé est vaste et les programmes en cours très nombreux. Ils concernent tant les applications portables (téléphonie mobile, ordinateurs) que stationnaires (production d'électricité collective et individuelle), ce qui laisse augurer, à moyen terme, l'émergence d'une civilisation de l'hydrogène. En Californie, depuis avril 1999, la plupart des constructeurs automobiles sont réunis au sein du « California Fuel Cell Partnership » (ou partenariat californien pour la pile à combustible). C'est ainsi que General Motors, Ford, Daimler Chrysler, Toyota, Honda, Nissan, Volkswagen et Hyundai échangent leurs expériences avec les autres membres de ce partenariat qui comprend plusieurs autres acteurs majeurs du secteur automobile : l'incontournable équipementier Ballard Power Systems mais aussi les pétroliers BP, Shell et Texaco, futurs distributeurs d'hydrogène. Leur objectif : tester plus de 50 véhicules à pile à combustible sur les routes d'ici à 2003.

Actuellement, deux solutions s'offrent à l'application automobile de cette technologie.

Dans la première solution, la pile à combustible fabrique le courant électrique nécessaire à la propulsion à partir de l'hydrogène embarqué dans un réservoir. Elle procure donc un véhicule « zéro émission » sur site mais implique l'existence d'un réseau de production et de distribution d'hydrogène, un investissement très coûteux.

L'hydrogène peut être stocké sous forme liquide ou gazeuse. Sous forme liquide, il se conserve à une basse température (-252 °C), ce qui suppose un réservoir sophistiqué, très isolé thermiquement (cryogénique). Sous forme gazeuse, il nécessite aussi un réservoir particulier, supportant une haute pression de plusieurs centaines de bars.

La seconde option, souvent considérée comme transitoire, procède par reformage. Le procédé consiste à transformer à bord du véhicule un carburant donné (méthanol ou essence) en hydrogène de synthèse. Cette solution contourne donc le stockage de l'hydrogène à bord mais présente l'inconvénient de n'être pas strictement non polluante. Le processus de reformage, s'effectuant avec un carburant, génère des émissions de CO_2, fussent-elles très inférieures à celles d'un moteur thermique.

Chaque solution offre ses avantages et les constructeurs, équipementiers et pétroliers sont d'ailleurs souvent engagés dans des collaborations croisées qui n'excluent ni l'une ni l'autre.

Ainsi Renault, qui présentait en 1998 un break Laguna option hydrogène embarqué, est, depuis septembre 1999, associé avec PSA Peugeot Citroën sur une recherche privilégiant la fabrication d'hydrogène à bord. Pour l'heure, c'est en effet la solution du reformage au méthanol qui est plébiscitée par les constructeurs, en raison de l'absence de réseau de distribution de l'hydrogène. L'Opel Zafira « Fuel Cell » de General Motors fonctionne de la sorte. Tout en continuant d'explorer la piste de l'hydrogène embarqué, Daimler Chrysler travaille aussi sur la solution reformage qui équipe ses prototypes, Necar 5 et Jeep Commander 2.

En revanche, le dernier prototype Honda FCX-V3 fonctionne à l'hydrogène pur, tout comme les Necar 3 et 4 présents aux Challenge Bibendum 1998 et 2000. Il en est de même pour le prototype Ford présenté en mars 2001 au Salon de Genève. Conçue dans son centre de recherche européen d'Aix-la-Chapelle, la Ford Focus FCV est équipée de deux réservoirs d'hydrogène installés dans le coffre. Ford entend mettre un parc de ces véhicules à la disposition de ses clients d'ici à 2004. Une démarche de flotte captive, compte tenu de l'option hydrogène embarqué.

Pour être émergent, le secteur de la pile à combustible n'en est pas moins des plus dynamiques. Depuis quelque temps, les annonces d'investissement de ses fournisseurs potentiels se bousculent à un rythme soutenu. Du Pont de Nemours a lancé en février 2001 une unité commerciale spécifique afin d'être présent sur ce marché dont la firme estime qu'il générera quelque 6 milliards de dollars d'ici à 2010. Le même mois, Air Liquide et l'Américain Nuvera constituaient une nouvelle société pour commercialiser les piles à combustible. En mai 2001, c'était au tour de l'Américain

Delphi Automotive Systems, premier équipementier automobile mondial, et de TotalFinaElf, quatrième pétrolier mondial, d'annoncer la signature d'un accord de coopération pour la recherche et la conduite d'essais dans ce domaine… Tous les grands pétroliers mondiaux sont d'ailleurs impliqués dans les recherches sur la pile à combustible.

Fruits de partenariats multiples ayant dégagé des centaines de millions de dollars d'investissements, le véhicule à pile à combustible n'est déjà plus un véhicule du futur mais une technique en voie d'industrialisation. Dans quelques années au plus tard, les premières voitures particulières seront dans la rue. Quant aux bus, ils y sont déjà, et le parc ne cesse de progresser. Dès la fin 2002, 9 villes européennes en seront équipées, à l'instar de certaines villes américaines : 30 Mercedes Citaro circuleront alors à Amsterdam, Barcelone, Hambourg, Londres, Luxembourg, Porto, Reykjavik, Stockholm et Stuttgart. L'autonomie du Citaro sera de 200 à 250 kilomètres et il pourra atteindre la vitesse maximale de 80 km/h.

Mais au-delà de la mise au point de ces diverses solutions techniques, les acteurs du monde automobile sont aussi partenaires d'une réflexion plus globale sur le rôle futur de la voiture dans la vie des populations.

10

Mobilité

En dehors des centres-ville, l'automobile joue un rôle déterminant dans la mobilité des personnes. Dès lors que les zones d'habitation se font moins denses, la voiture individuelle s'impose en effet comme l'unique moyen de transport viable car tout à la fois confortable et flexible, celui ayant la faculté d'assurer les déplacements de porte à porte, rapidement, sans rupture et quel que soit l'horaire choisi. Sa contribution à l'amélioration de la vie quotidienne est incontestable et c'est la raison de son succès auprès des populations des pays développés, seules pour l'heure à bénéficier des revenus suffisants pour y accéder. Se rendre au travail, conduire ses enfants à l'école, faire ses courses, visiter sa famille et ses amis, pratiquer des loisirs sont autant d'activités qui, pour toute une frange de la population, se révéleraient pénibles, difficiles, voire impossibles à effectuer régulièrement sans l'automobile. Au XIXe siècle, dans les pays développés, les distances moyennes parcourues quotidiennement ne dépassaient pas 4 à 5 kilomètres par personne. En les ayant aujourd'hui multipliées par dix, l'automobile a accru en conséquence les activités humaines. La route constitue en effet un vecteur majeur du désenclavement tant économique que social des territoires les plus reculés.

Baptisé ralentissement, bouchon, congestion ou embouteillage, le trop-plein d'automobiles dans la ville et ses abords est en revanche dénoncé par ses habitants et ceux qui la fréquentent, des automobilistes en majorité. Il pose à la fois la question de la place de l'automobile dans les grandes agglomérations et celle de l'offre de transports se présentant à une population.

Pour n'évoquer que la France, le total national des encombrements est passé de 500 000 heures/kilomètre en 1985, une mesure établie en effectuant le produit de la longueur totale des embouteillages par leur durée, à plus de 800 milliers en 1996, soit un accroissement de 60 % en dix ans… Récemment, la Conférence européenne des ministres du Transport (CEMT) a constaté que dans les grandes villes de l'Union européenne, la vitesse moyenne des véhicules a diminué de 10 %, pour devenir, aux heures de pointe, souvent inférieure à celle d'un attelage.

Aux États-Unis, depuis dix ans, les déplacements automobiles à titre privé ont augmenté de 30 % et l'on estime que les trajets sur autoroute devraient progresser de 40 % dans les quinze années à venir. La congestion du trafic qui, à certaines heures, touchait jadis les grandes métropoles comme Los Angeles, Seattle ou Washington D. C. s'étend désormais à des agglomérations moyennes telle Albuquerque au Nouveau-Mexique. Durant les heures de pointe, un conducteur américain peut ainsi voir son temps de trajet s'accroître de 20 % à 50 %.

De Los Angeles à Bangkok, de Mexico à Shanghai, Calcutta, Londres ou Paris, la mobilité de la population est au centre d'enjeux multiples, économiques et sociaux, politiques et culturels. Si leur urgence est très différente selon les situations, ils n'en sont pas moins réels, recouvrant des domaines aussi divers que la santé publique, la sécurité des habitants, l'harmonie de la ville et l'impact potentiel sur le changement climatique de la planète. Pour autant, l'engorgement urbain n'est pas une fatalité. Concilier la ville et l'automobile est une entreprise à laquelle l'industrie automobile participe avec les pouvoirs publics et les urbanistes.

Entre ces différents acteurs cependant, force est de constater qu'un consensus reste à trouver. Si tous s'accordent sur le rôle essentiel de l'automobile, leurs avis divergent quant aux moyens à mettre en œuvre pour maîtriser cette mobilité dans la ville. Déterminant pour la place future à assigner à l'automobile dans les politiques de transport des grandes métropoles, l'enjeu est évidemment capital. Impossible dans le cadre de cet ouvrage de restituer de façon exhaustive la palette des points de vue tant celle-ci est diversifiée, complexe, et souvent inséparable d'ailleurs de contextes nationaux et locaux particuliers. Quoi qu'il en soit, et avec le risque de caricature inhérent à la synthèse d'un débat aux multiples facettes soutenu de part et d'autre par des études techniques et expertises aussi nombreuses que contradictoires, les désaccords des uns et des autres concernent des priorités différentes.

Les urbanistes, à la recherche d'une cohérence du tissu urbain, considèrent que le développement non maîtrisé de l'automobile concourt à l'étalement de la cité et présente des risques liés à la métropolisation : perte de la qualité de la ville, mise en danger du patrimoine architectural, espace public inadapté aux déplacements écomobiles (marche à pied, vélo)… bref une dévaluation générale de la cité qui incite ses habitants à l'exode et alimente encore la dispersion urbaine tout en créant de nouveaux besoins de mobilité.

Préoccupés de santé publique, de réduction des nuisances et de gaspillage énergétique, les pouvoirs publics nationaux sont également soumis, en Europe notamment, aux respects d'engagement internationaux concernant la réduction des gaz à effet de serre. En matière de transport, les propositions de la Commission européenne entendent ainsi consacrer « le développement durable comme l'un des objectifs de l'Union européenne ». Pour la Commission européenne, il s'agit, afin de parvenir à cet objectif, de modérer l'usage de la voiture particulière dans les grandes agglomérations par des mesures spécifiques telles que « rehausser la qualité et l'accessibilité des transports publics, et accroître leur capacité à s'adapter facilement aux modifications des besoins de transport ; susciter l'intérêt pour la marche à pied et le vélo en offrant des conditions plus favorables ; réduire la demande de transport, en inversant par exemple la tendance qui consiste à éloigner les habitations, les lieux de travail, les écoles, etc., dans des lieux peu accessibles sans voiture ; réguler l'utilisation de la voiture dans les zones congestionnées »[1].

Ces propositions s'accompagnent de recommandations d'ordre financier visant à utiliser l'augmentation de la taxe sur les carburants, les péages d'accès au centre-ville ou l'augmentation des taxes de stationnement.

D'une manière générale, il s'agit d'une politique visant à accorder la priorité aux transports publics et à décourager l'usager de recourir à sa voiture dans les

1. Communication de la Commission au Conseil, au Parlement européen, au Comité économique et social et au Comité des régions, 10 juillet 1998.

espaces urbains congestionnés en lui faisant prendre en charge une partie plus importante des coûts dits « externes » de l'automobile jusqu'à présent assumés par tous (pollution, accidents, infrastructure…).

Plus modérées, les mesures américaines ont actuellement une dimension plus incitative que réglementaire. Globalement, elles visent à diversifier l'offre de transport plutôt qu'à restreindre l'usage de l'automobile.

Société de l'automobile par excellence, les États-Unis ont toujours privilégié la route pour assurer leur développement. La voiture y incarne la liberté avant tout et la référence absolue en matière de mobilité. En 2000, on y dénombrait d'ailleurs un peu plus de 217 millions de véhicules immatriculés pour une population de 275 millions d'habitants. Ainsi, pour effectuer des trajets supérieurs à 160 kilomètres, 81 % des Américains choisissent-ils leur automobile contre 16 % qui préfèrent l'avion – seuls 0,5 % d'entre eux utilisant le train.

La prédilection des Américains pour la maison individuelle explique en partie leur attachement à l'automobile. Depuis la Deuxième Guerre mondiale en effet, l'exode des foyers et des sociétés du centre urbain vers une périphérie plus ou moins bien desservie par les transports en commun n'a cessé de rendre la voiture indispensable et d'accroître la circulation. Aujourd'hui, la progression de l'urbanisation des périphéries (*suburban sprawl*) si caractéristique du paysage urbain américain représente une réalité que les pouvoirs publics ne peuvent plus ignorer.

La loi de 1998 sur les transports (Transportation Equity Act for the 21st Century) a prévu de consacrer 217 milliards de dollars sur six ans au développement des dessertes ferroviaires. Certaines villes comme

Atlanta, Austin, Las Vegas et Kansas City vont donc accroître leurs réseaux afin d'aider leurs habitants des centres-ville à rejoindre les lieux de travail situés en banlieue. Par ailleurs, pour encourager l'utilisation des transports en commun, le gouvernement fédéral a décidé d'investir 1,5 milliard de dollars par an pendant vingt ans pour développer le réseau ferroviaire de la compagnie nationale Amtrak. 1 milliard de dollars est destiné aux projets visant l'utilisation des vélos.

Afin de soulager les axes routiers des grandes métropoles, l'EPA (ou Agence de protection de l'environnement) propose aux entreprises et à leurs employés des mesures d'encouragement : dégrèvements d'impôts lorsque l'on pratique le covoiturage ou que l'on adopte des horaires de travail variables. Intel, Nike ou Walt Disney Corporation figurent parmi les grandes sociétés ayant adopté ces mesures. Quant à la Californie, l'État tente depuis 1989 de modérer l'utilisation de l'automobile en taxant le stationnement aux entreprises et en favorisant le télétravail ou le covoiturage.

Soumis au respect des lois nationales sur l'air qui définissent entre autres les seuils d'émissions polluantes à ne pas dépasser, les constructeurs sont aussi légitimement soucieux de servir la demande automobile croissante. Aussi s'inquiètent-ils d'une distorsion entre les objectifs des pouvoirs publics et les souhaits des citoyens plébiscitant massivement l'automobile, notamment dans les zones rurales et périurbaines où elle constitue le seul moyen de se déplacer. Dans ce contexte, ils sont plutôt défavorables aux restrictions de circulation et de stationnement et prônent différentes mesures aptes à rendre la circulation plus fluide : un maillage routier plus efficace et une meilleure gestion de la voirie, par exemple.

Fortement préoccupés au demeurant par la question de la mobilité urbaine, les constructeurs participent à l'expérimentation de solutions innovantes afin d'identifier les caractéristiques mais aussi les utilisations nouvelles de l'automobile du futur. Nul doute que les mentalités changent. Bill Ford, président de Ford, peu suspect d'autophobie militante, déclarait ceci en septembre 2000 : « Les gens veulent avoir accès à la mobilité mais cela ne signifie pas pour autant qu'ils veulent absolument devenir propriétaires de leur voiture. Et cela est tout particulièrement vrai dans des grandes cités telles Londres ou Paris. Pour nous d'ailleurs, la vente d'une voiture ou d'un camion à un tel ou un tel n'est plus l'objectif déterminant. Nous pourrions très bien, dans le futur, produire le même nombre de véhicules mais en vendre moins. Nous vendrions alors de la mobilité plutôt que des véhicules. »

Conscients de l'impérieuse nécessité de maîtriser la mobilité, les constructeurs participent avec les pouvoirs publics à de nombreux programmes susceptibles d'améliorer la circulation urbaine et périurbaine dans des proportions importantes. Contrairement à ce qui se dit ici ou là, il ne s'agit plus d'une stricte défense de leurs intérêts et de la revendication exclusive de nouvelles infrastructures routières. L'époque du dogmatisme est révolue. Une politique du tout-auto en ville risquerait de briser définitivement ce qui fait le succès de ce mode de transport depuis ses origines : la liberté qu'il procure.

Globalement, les axes de recherches en cours se concentrent aujourd'hui sur trois domaines : la poursuite du progrès technologique du véhicule notamment par le développement de l'électronique embarquée, la promotion et la mise en œuvre de nouveaux modes d'utilisation de la voiture particulière et enfin la diversification de l'offre automobile avec la commercialisation de véhicules dédiés à la ville. À des niveaux différents, ces trois domaines concourent à favoriser l'intermodalité, une pratique que les constructeurs, les pouvoirs publics et les urbanistes s'accordent à considérer comme représentant l'avenir des déplacements urbains.

L'intermodalité ou la complémentarité des transports

L'intermodalité traduit une nouvelle approche du transport dont le postulat serait : selon la nature du trajet à effectuer, il existe soit une combinaison de transports plus avantageuse, soit un mode de transport plus performant que les autres, c'est-à-dire plus économique, plus rapide et plus propre.

Ainsi la voiture qui permet de rejoindre n'importe quel point de porte à porte est-elle indispensable aux habitants des zones rurales ou peu denses, mal desservies par les transports en commun. En dehors de la ville, elle est souvent nécessaire aux déplacements familiaux. À certaines heures et sur des trajets bien définis, les transports en commun sont, en revanche, bien adaptés à une population vivant en agglomération. Quant au vélo ou à la marche, ils sont efficaces pour les déplacements de proximité en ville.

En favorisant l'échange entre ces différents modes, l'intermodalité encourage leur complémentarité et considère de façon globale la demande de transport. Elle suppose la création de lieux d'échange, les plates-formes intermodales, où l'usager puisse sans contrainte garer son véhicule pour prendre un métro régional, un tramway, un bus, un train ou un vélo.

Mais passer ainsi d'un mode à l'autre exige que les terminaux intermodaux soient attirants et pratiques, susceptibles d'offrir certes une place de parking mais aussi des services (banque, poste, entretien du véhicule…), des commerces et autres activités aptes à rendre attrayant et utile le phénomène de rupture de charge.

Une intermodalité efficace suppose également de rendre les transports publics plus attractifs, c'est-à-dire plus fiables, plus flexibles, plus accessibles, plus confortables, plus sécurisants et moins lourds en investissements. Autant de caractéristiques auxquelles les constructeurs s'attellent pour leur part mais qui nécessitent aussi une volonté politique et l'investissement des collectivités locales. Les différentes expériences en cours établissent en effet que la répartition modale est intimement liée à la qualité et à la diversité de l'offre.

En France, la ville de La Rochelle, sur la façade atlantique, a fait figure de pionnière en instaurant, durant les années 1990, les bases d'un mode de déplacement multimodal diversifié. Articulé autour de lieux d'échanges intermodaux aménagés aux portes de la ville, le système de transport public recouvre tous les modes de déplacement : collectif, semi-collectif et individuel. Très complète, l'offre proposée comprend ainsi des autocars desservant les communes périphériques, des autobus, des taxis collectifs, des véhicules pour handicapés mais aussi des minibus sans chauffeur, des voitures et scooters électriques en location courte durée et des vélos en libre-service. Simultanément, la ville a étendu sa zone piétonne et créé 20 kilomètres de pistes cyclables.

Récent dans le débat sur la mobilité urbaine, l'apport des transports non motorisés commence en effet à être pris en compte, à des degrés divers et selon les cultures nationales. En 1991, en votant l'ISTEA

(Intermodal Surface Transportation Efficiency Act), les États-Unis se dotaient d'un cadre législatif pour favoriser cette « écomobilité ». Grande première outre-Atlantique : des fonds fédéraux traditionnellement dédiés aux routes allaient permettre de financer la réhabilitation d'emprises ferroviaires en sentiers pédestres et cyclables ainsi que des infrastructures propres à ces deux modes. Sur les trois premières années, 375 millions de dollars furent consacrés aux transports piétons et cyclistes, contre 41 millions de dollars au cours des vingt années précédentes. On peut citer l'exemple de la ville de Seattle qui, depuis 1990, a doublé l'étendue de ses pistes cyclables pour arriver aujourd'hui à un total de 94 kilomètres. ZAP, leader sur le marché américain en matière de moteur électrique pour vélos et trottinettes avec 30000 moteurs vendus, équipe les bicyclettes fabriquées par le célèbre armurier américain Smith & Wesson qui sont destinées à 200 postes de police américains. Aux États-Unis, les analystes de ce marché en croissance prévoient la vente de 1 million de vélos à assistance électrique en 2001.

En Europe du Nord, où la culture du vélo est plus ancrée, l'installation d'emplacements sécurisés pour les bicyclettes et celles de douches dans les bureaux pour le personnel cycliste se généralisent depuis vingt ans aux Pays-Bas, au Danemark, en Belgique ou en Suisse. En Hollande, les entreprises sont, depuis 1995, fiscalement incitées à promouvoir l'usage de la bicyclette. Ainsi peuvent-elles offrir à leurs employés, tous les trois ans, un vélo d'une valeur maximale de 700 euros, déductibles de leurs bénéfices. À Genève, l'usage de la bicyclette a doublé en dix ans et à Fribourg-en-Brisgau, en Allemagne, ville fortement attachée à la promotion de l'écomobilité, sa part dans les déplacements atteint aujourd'hui 29 %, contre 16 % au début des années 1980. Depuis août 1999, Fribourg dispose d'ailleurs du plus grand parking à vélos d'Europe. Proche de la gare ferroviaire, ce parc baptisé « Mobilé » comprend plus de 1 000 emplacements. Gardé et ouvert de 5 heures du matin à 1 heure du matin, « Mobilé » fonctionne en synergie avec les horaires des trains régionaux.

En désuétude dans les années 1970, la bicyclette tend donc maintenant à faire partie de l'offre de mobilité et certains constructeurs automobiles s'y intéressent. Ainsi en 1999, Ford créait la société THINK Mobility. Spécialisée dans la commercialisation de véhicules électriques urbains, elle a aujourd'hui, entre autres, deux bicyclettes à assistance électrique à son catalogue. Même démarche chez Renault qui, via Renault Sport, propose une gamme de vélos dont certains spécifiquement adaptés à la ville.

Simultanément, il est frappant de constater que Renault se positionne aussi sur le nouveau marché des tramways. Non pas le modèle traditionnel sur rail exigeant des investissements considérables, mais un système beaucoup plus économique dont la mise en œuvre se révèle trois fois moins coûteuse. Développé conjointement par Renault, Irisbus et Matra Transports, le projet Civis se présente comme un tram sur pneu guidé par un simple marquage codé peint au sol et lu par une caméra placée à l'avant du véhicule. Autre atout de Civis, véhicule hybride d'ores et déjà en circulation à Rouen et à Clermont-Ferrand : une émission moindre qui préserve l'environnement urbain grâce à des moteurs électriques intégrés dans les roues – une technologie développée par Irisbus en coopération avec Alsthom pour les composants du système de propulsion et Michelin pour les pneumatiques.

Les temps ont changé et avec eux les attitudes manichéennes qui opposaient le transport individuel et le collectif. Les constructeurs comme les équipementiers envisagent dorénavant d'intervenir sur l'ensemble de la chaîne de transport. Née de la prise de conscience environnementale et de la recherche de l'efficacité énergétique, cette recherche de l'intermodalité pose comme indispensable le partenariat entre les divers modes de transport.

Le dialogue intermodal ou l'électronique embarquée

Pas de partenariat sans dialogue et ce dernier représente aujourd'hui l'une des fonctions essentielles assignées à l'électronique à bord. Dès le milieu des années 1980, les constructeurs lançaient de nombreux programmes de recherche pour adapter les technologies de l'électronique et de l'informatique à l'automobile, dont le système GPS qui est désormais commercialisé.

Au début des années 1970, le département américain de la Défense a eu besoin d'un outil de navigation que les troupes en mouvement pourraient utiliser pour connaître leur position avec précision. La solution développée mobilisait alors deux douzaines de satellites, d'horloges atomiques, d'émetteurs de micro-ondes radio et quelques puissants ordinateurs de calcul. L'armée a appelé ce procédé Global Positioning System (système de positionnement global), ou GPS.

Appliqués à l'automobile, les GPS embarqués d'aujourd'hui fournissent des coordonnées tout aussi précises. Couplé avec les logiciels de topographie développés aux États-Unis par des sociétés comme Magellan (Santa Clara, Californie) ou TravRoute

(Princeton, New Jersey), le système basé sur une analyse de la longitude et de la latitude actualisée chaque seconde détermine la vitesse et la direction prise, informations qui permettent la surimpression de la flèche « Vous êtes ici » sur la carte routière qu'affiche sur l'écran de contrôle du véhicule. Un procédé dont la précision s'améliore encore avec le développement du GPS différentiel qui, lui, utilise des récepteurs stationnaires au sol pour surveiller les signaux émis par la constellation des satellites GPS. Résultat : une précision au mètre près, assez impressionnante lorsqu'on considère que les satellites GPS sont, eux, en orbite à quelque 20 000 kilomètres de la Terre.

Commercialisés depuis quelques années, la cartographie et le guidage par satellite GPS sont appelés à devenir interactifs. Avec l'essor de la téléphonie mobile et de l'Internet embarqués, le véhicule, équipé d'un système de commandes vocales associé à un écran de visualisation, sera en mesure d'être en contact permanent avec un central d'information routière, lequel indiquera en temps réel au conducteur le meilleur itinéraire à choisir en fonction du trafic.

En fonction depuis septembre 1996, le système OnStar qui équipe 30 modèles General Motors ainsi que certaines Saab et Audi compte désormais plus de 1 million d'abonnés aux États-Unis. Si elle n'est pas axée sur l'information concernant l'état du trafic, la technologie employée alliant téléphone cellulaire, électronique embarquée et GPS autorise ce type de service. Dédié essentiellement à la sécurité, OnStar propose à ses clients une assistance 24 heures sur 24 allant du diagnostic du moteur à la surveillance du véhicule à distance mais aussi à la possibilité d'écouter le courrier électronique et les sites Web par une voix de synthèse interactive. Ford et l'équipementier américain de télécommunications Qualcomm ont créé une joint-venture, baptisée Wingcast, dont le but est d'offrir des services similaires (téléphonie mobile, navigation et Internet). L'objectif du constructeur est d'équiper au moins 1 million de nouveaux véhicules (voitures et camions) avec cette technologie d'ici à la fin 2002 et d'en généraliser l'installation à l'horizon 2004.

Systématisée à l'ensemble de l'offre de transport, l'électronique embarquée est en mesure de jouer un rôle de premier plan dans la mise en œuvre d'une intermodalité harmonieuse. Au-delà du bénéfice que procure une information continue sur l'état du trafic, il deviendra alors envisageable de consulter les horaires d'un train et d'acheter un billet depuis sa voiture ou encore de s'informer sur les places de stationnement disponibles afin de réserver un emplacement à proximité de la gare au cours de son trajet. De même, le téléphone mobile ou l'agenda électronique de demain seront en mesure de guider le piéton jusqu'à destination mais aussi de localiser l'arrêt de bus le plus proche et, selon le trajet à effectuer, de proposer un taxi collectif ou une offre de covoiturage, services qui sur un autre registre favorisent, eux aussi, une gestion plus rationnelle de la mobilité.

Les nouveaux modes d'utilisation de la voiture particulière

Le progrès technologique n'est pas l'unique garant de l'avenir de la mobilité, celui-ci passera également par de nouvelles pratiques automobiles. Parmi elles, le covoiturage ou l'automobile en temps partagé sont des solutions qui présentent l'avantage d'alléger la circulation et de réduire l'impact du trafic sur l'environnement tout en minimisant les frais de déplacement de chacun.

Considérant qu'environ 85 % des déplacements à titre privé tant en Europe occidentale qu'aux États-Unis sont assurés par des véhicules particuliers, dont une part importante de ceux-ci sont effectués par un autosoliste (41 % aux États-Unis), le potentiel de ces nouvelles pratiques est loin d'être négligeable.

Le covoiturage ou car-pooling

Les intérêts du covoiturage, intermédiaire entre le transport collectif et le transport individuel, sont nombreux. En augmentant le taux d'occupation des véhicules (inférieur à 1,3 dans la plupart des grandes villes françaises), il permet de lutter efficacement contre les encombrements aux heures de pointe. Mais il représente également une alternative intéressante aux transports publics dans les secteurs où ces derniers sont insuffisants.

Ce principe qui existe depuis la Seconde Guerre mondiale aux États-Unis et au Canada est déjà bien installé en Hollande, en Angleterre, en Belgique, en Suisse et en Allemagne. Il commence à se développer en France, notamment chez les constructeurs Renault et PSA Peugeot Citroën qui, à l'instar de bon nombre de sociétés étrangères, incitent leurs employés à le pratiquer.

Son succès repose alors sur diverses mesures incitatives aptes à compenser les contraintes liées au covoiturage régulier afin de pérenniser son usage.

Aux États-Unis, l'EPA (Agence de protection de l'environnement) encourage cette pratique notamment par des dégrèvements d'impôts. Ainsi, l'employeur a-t-il, par exemple, la faculté d'accorder aux « covoitureurs » des indemnités financières basées sur le barème fiscal des remboursements kilométriques ou encore de financer certaines opérations d'entretien de leurs véhicules tels le contrôle technique, la vidange ou le lavage. En la matière, la Californie veut montrer l'exemple. Depuis 1989, la proposition dite 111 est mise en place pour modérer raisonnablement l'utilisation de l'automobile. À Santa Monica, si une société de plus de 50 employés loue un parking, elle doit payer un supplément quotidien pour chaque emplacement. En revanche, si un employé n'utilise pas sa place, la société lui verse une indemnité qui est subventionnée par l'État. Selon certaines études réalisées, la transformation en stationnement payant de places auparavant offertes par les employeurs a permis, selon les entreprises, une baisse de 19 % à 81 % de l'usage de la voiture solo. À San Francisco, certaines places de stationnement sont réservées aux « covoitureurs ». Autre initiative : l'expérience Trans-options, menée à Morristown, New Jersey. Elle mixe l'intermodalité, le covoiturage et l'emploi de la voiture propre. Quatre entreprises louent une flotte de 10 Geo Metro électriques mise à la disposition de leurs employés à la descente du train pour rejoindre leur lieu de travail. Chaque voiture transporte ainsi quatre employés qui sont conducteurs à tour de rôle.

Mais l'entreprise n'est pas le seul acteur du covoiturage. Afin d'étendre les intérêts de sa pratique, les incitations financières peuvent également provenir des pouvoirs publics et prendre la forme de tarifs préférentiels ou d'exonération de paiement sur les autoroutes. La gratuité du passage est alors accordée à toute voiture circulant avec trois personnes à son bord, effectuant un aller-retour quotidien du lundi au vendredi. Le conducteur doit posséder une carte magnétique délivrée par le service commercial situé au péage.

Plus onéreux et plus ambitieux, l'aménagement d'infrastructures dédiées au covoiturage participe aussi activement à son développement. Outre leur bénéfice immédiat, ces installations pérennes contribuent en effet à ancrer durablement cette pratique dans les mœurs.

Il peut s'agir de la mise en place d'aires de stationnement et d'attente gardées et aménagées qui, selon les cas, sont situées en ville ou à proximité de grands axes routiers, voire d'échangeurs autoroutiers.

Le véhicule doit alors être identifiable par une vignette apposée sur le pare-brise afin d'obtenir des réductions, ou la gratuité du péage.

C'est l'option privilégiée par les Pays-Bas où les efforts des pouvoirs publics portent sur l'aménagement de parcs de stationnement réservés aux « covoitureurs » (6 000 places au total) à des points stratégiques du réseau routier baptisés pôles d'échange. Certains de ces sites offrent des services qui facilitent l'attente : restauration rapide, pressing, kiosque à journaux et boîte aux lettres.

Complément de ces mesures, l'aménagement de voies réservées au covoiturage sur des axes importants comme les autoroutes est une manière de matérialiser in situ ses attraits. La formule des HOV Lanes (High Occupancy Vehicles Lanes, ou voies réservées aux véhicules fortement occupés) remporte un grand succès sur les réseaux des autoroutes urbaines américaines. Elle est souvent assortie d'une politique tarifaire du péage en fonction du taux d'occupation, des horaires et de l'état du trafic. En décembre 1994, c'est à Madrid que fut inaugurée la voie réservée la plus longue d'Europe. Sur son parcours de 13 kilomètres, le taux d'occupation moyen des véhicules a progressé de 1,3 à 1,8 aux heures de pointe. Quant aux bus qui l'empruntent également, leur circulation y est plus fluide et ils sont de plus en plus utilisés.

Selon le contexte, le covoiturage autorise donc de nombreux scénarios qui participent chacun à une maîtrise plus efficace de la mobilité urbaine sans impliquer de gênes rédhibitoires pour ses utilisateurs. Il s'agit d'un mode de transport durable qui soutient une gestion plus respectueuse de notre environnement et des ressources énergétiques. Pour autant, le covoiturage ne répond pas à tous les besoins de déplacement. Pratique et aisé à mettre en œuvre lorsqu'il s'agit de réunir des passagers effectuant régulièrement un trajet identique aux mêmes heures, il est inadapté aux déplacements courts, imprévus et ponctuels.

L'auto partagée ou les véhicules en libre-service

Autre alternative entre le transport individuel et le transport collectif, l'auto partagée (*car-sharing*) correspond en revanche parfaitement à un besoin de transport ponctuel en zone urbaine. Né il y a une dizaine d'années, son principe est une adaptation à l'automobile de celui bien connu du *time-sharing* des résidences de vacances. Mis en œuvre essentiellement aux Pays-Bas, en Allemagne, en Suisse et dans une moindre mesure aux États-Unis, au Canada et en France, il concerne aujourd'hui environ 70 000 usagers dans le monde.

Ce concept repose sur le partage d'un parc de véhicules par plusieurs utilisateurs autorisés moyennant une contrepartie financière, qu'ils soient multipropriétaires, sociétaires, adhérents ou abonnés. À l'origine, il s'agit d'initiatives locales isolées d'associations bénévoles et militantes mais ce principe qui, aux

Pays-Bas notamment, bénéficie désormais d'une aide de l'État, tend peu à peu à être repris et diffusé par l'essentiel des loueurs automobiles traditionnels.

En général, l'usager de l'auto partagée a la possibilité de réserver son véhicule par téléphone et 24 heures sur 24 pour une durée d'utilisation de quelques heures. Les formules sont multiples. En s'inscrivant à l'agence Autodelen, les habitants d'Amsterdam doivent s'acquitter d'une caution d'environ 230 euros, remboursable à 95 % lorsqu'ils quittent le programme. La société parque ses voitures sur divers emplacements réservés répartis dans la ville. Chaque membre peut retenir un véhicule à l'avance ou le prendre sur place selon la disponibilité. Il se rend alors à pied ou à vélo jusqu'à la voiture puis utilise une carte magnétique pour ouvrir une boîte située à proximité contenant la clé de contact et l'autoradio. Après utilisation, il n'a qu'à garer la voiture sur son emplacement et remettre la clé et l'autoradio dans leur boîte. En fin de mois, il recevra sa facture comprenant l'abonnement mensuel complété de la durée d'utilisation et de la distance parcourue. Berlin dispose d'une agence identique comptant 5 500 adhérents et 300 voitures disséminées sur 56 stations.

Aux États-Unis, l'idée de l'auto partagée s'étend elle aussi peu à peu. En 2000, Flexcar, société privée de *car-sharing* subventionnée par la ville de Seattle (600 000 dollars sur trois ans), comptait 170 utilisateurs après seulement trois semaines d'ouverture. À la gare de Fremont à San Francisco, la société de location de voitures Hertz associée au projet *Station Cars* propose désormais le *car-sharing* aux voyageurs qui effectuent une part de leur trajet par le rail. Les gares voient ainsi leurs problèmes de stationnement diminuer et n'ont plus besoin d'agrandir leurs parkings.

Du simple dépôt de la clé de contact à la station gardée avec guichet, divers systèmes coexistent. Parmi eux, le libre-service automatisé se révèle le plus coûteux mais aussi le plus abouti car il est jusqu'à présent le seul à proposer des véhicules « zéro émission ». Tout à fait prohibitif pour une association de particuliers ou même un loueur, l'investissement nécessité par l'aménagement de ces stations suppose une volonté politique qui induit la participation des pouvoirs publics concernés.

Le principe est le suivant : la flotte de véhicules électriques est répartie entre différentes stations placées à des points stratégiques de la ville, la gare, les quartiers commerçants et les administrations. L'utilisateur souscrit un abonnement et il a accès aux véhicules par une carte sans contact. Il peut rendre le véhicule dans n'importe quelle station de la ville. Dans le cadre du projet Elcidis, sept villes européennes échangent actuellement leurs expériences pour promouvoir les véhicules propres en libre-service. Les premières études sur cette offre établissent sans ambiguïté la satisfaction de ses usagers et tout particulièrement des petits rouleurs. Ceux qui effectuent moins de 7 000 kilomètres par an trouvent dans cette solution une manière économique de se déplacer. Encore marginal, le développement du covoiturage et de l'auto partagée marque néanmoins un profond changement de mentalités. La logique de propriété qui a accompagné l'essor de l'automobile est en passe de se modifier, une logique d'utilisation émerge, certains jugeant désormais plus pertinent d'acquérir du temps d'usage plutôt que l'automobile elle-même.

Ces évolutions dans l'usage de la voiture auront au moins trois conséquences : une congestion moindre, une réduction du coût de la mobilité, et des investissements plus faibles pour les collectivités locales qui seraient, autrement, contraintes de développer des infrastructures plus lourdes.

Pour un covoiturage spontané : le concept-car Citroën Osmose

L'émergence de ce nouveau rapport à l'automobile se lit en toutes lettres dans la recherche des constructeurs. C'est notamment ce que suggère Citroën avec son projet Osmose, un exercice ambitieux qui organise en quelque sorte le mariage du covoiturage et de l'auto partagée.

Parce que nous sommes tour à tour automobilistes et piétons, Osmose fait le pari d'un nouveau type de relations entre les uns et les autres. Ce véhicule urbain est conçu pour favoriser l'échange, partager des instants de mobilité entre des individus qui n'ont en commun que le fait de se rendre dans la même direction. Osmose peut accueillir, à l'avant, 3 personnes avec bagages. Quant à sa partie coffre, elle est conçue pour se transformer en espace d'accueil pour 2 personnes. Sur le panneau latéral du véhicule, le conducteur affiche sa destination. Les piétons intéressés peuvent alors se signaler auprès du conducteur en attirant son attention ou en utilisant leur téléphone mobile si le véhicule n'est pas à l'arrêt. En procédant ainsi, ils communiquent avec la voiture dont le système embarqué est capable de localiser l'appel et d'envoyer un message de confirmation en donnant son immatriculation.

Déclinant jusqu'au bout cette nouvelle relation piéton-automobiliste, Osmose, équipé d'un radar, peut anticiper un choc avec un piéton. Néanmoins, en cas de collision, des coussins gonflables extérieurs placés à l'avant et à l'arrière du véhicule protègent le piéton.

Particulièrement adapté aux déplacements urbains et au système de véhicule en libre-service, Osmose propose le scénario convivial d'une intermodalité idéale entre piétons et automobilistes. Une utopie ? Peut-être, mais telle est la fonction des concept-cars, pousser à l'extrême les tendances émergentes d'aujourd'hui afin de pouvoir les satisfaire demain.

11

Sécurité

« Cette voiture préserve votre vie en cas d'accident » : tel est, en 1956, le thème d'une campagne publicitaire orchestrée par Ford aux États-Unis. En s'appuyant sur des études menées par l'université de Cornell, New York, la marque a conçu une voiture présentée comme « antichoc ». Elle est équipée d'un tableau de bord rembourré, de ceintures de sécurité et d'un volant décentré pour éviter au conducteur d'être harponné par la colonne de direction. L'échec est néanmoins cuisant car les clients de l'époque refusent catégoriquement d'envisager l'accident lors de l'achat de leur véhicule… On en déduit que la sécurité ne saurait être un argument de vente.

Dans ces années 1950, celles des « belles américaines », la voiture, promue signe majeur de distinction sociale, est considérée comme un miroir du pouvoir d'achat. Double flatteur de son propriétaire, chaque modèle est régulièrement lifté, adoptant chaque année un look différent dans une débauche de chrome encore plus surprenante. Il importe alors de posséder la voiture de l'année. Dans l'industrie automobile, c'est le règne des stylistes.

L'un des premiers à tenter d'enrayer la fièvre qui agite le design automobile fait partie du cénacle. Né à

Paris en 1893, Raymond Loewy mène, de longue date, sa carrière aux États-Unis. Ainsi a-t-il été, entre autres, responsable du design chez Studebaker durant plusieurs années. Il s'inquiète de la tendance qu'impriment les géants de Detroit à leur production. « La forme qui doit être l'expression épurée de l'excellence mécanique est devenue sensuelle et organique : pourquoi donc présenter un des fleurons de l'industrie américaine comme une marchandise de mauvais goût ? » Outre la critique esthétique, Loewy veut surtout rappeler que l'automobile est avant tout un moyen de locomotion, une machine dont le fonctionnement doit être le plus rationnel possible : pour moins consommer elle doit être légère et s'interdire par conséquent le recours aux ornementations inutiles.

Les motivations de Ralph Nader sont encore plus pragmatiques : augmenter la sécurité des automobiles. En publiant, en 1965, *Unsafe at any speed*, cet avocat de trente et un ans fait prendre conscience au grand public que la sécurité n'est pas encore suffisamment perçue comme une priorité. Ce best-seller à l'écho retentissant va profondément modifier les normes de sécurité automobile.

Dès 1966, plusieurs lois concernant la sécurité routière sont adoptées, et une structure gouvernementale, la National Highway Traffic Safety Administration (NHTSA), est chargée de la définition et de l'application, pour l'ensemble des véhicules commercialisés, de standards de sécurité tels que pare-brise feuilletés, renforcement des points d'ancrage des sièges, ceinture ventrale, etc. Les constructeurs sont par ailleurs tenus de rappeler leurs modèles éventuellement défectueux. Henry Ford II, qui s'était d'abord alarmé de ces nouveaux standards qu'il jugeait irréalistes et déraisonnables, admit plus tard, en 1977, que les voitures ne seraient pas si sûres sans ces mesures fédérales. Dirigée ensuite par Joan Claybrook, collaboratrice de Nader, la NHTSA se souciera notamment de l'amélioration des chocs frontaux, préoccupation qui aboutira à l'adoption de l'airbag et de la ceinture à enrouleur-bloqueur sur tous les modèles à partir de 1990.

Les temps ont changé et en cheminant dans les allées des salons automobiles des années 1990, les consommateurs sont désormais conviés par les constructeurs à un spectacle jadis inimaginable et tabou, celui des simulations d'accidents brutaux, avec leur cortège de collisions frontales et latérales. Complétées par l'exposition de la structure des véhicules dévoilant les éléments de la sécurité passive, ces simulations sont attentivement suivies par les visiteurs. Mieux informé, plus mûr, l'*Homo automobilis* considère aujourd'hui la sécurité comme un élément déterminant dans l'achat d'un véhicule. En nette diminution depuis les années 1960, les statistiques actuelles d'accidents de la route recensent néanmoins tous les ans une moyenne de 41 000 morts aux États-Unis et autant sur l'ensemble des quinze États de l'Union européenne.

Les voitures d'aujourd'hui n'ont plus rien en commun avec les modèles des années 1960. En quarante ans, des progrès considérables ont été effectués tant sur le plan de la sécurité active que de la sécurité passive.

Le vaste domaine de la sécurité active recouvre l'ensemble de ce qui est mis en œuvre pour éviter les accidents : de la tenue de route au freinage, de la visibilité aux pneumatiques. L'augmentation de la surface des pare-brise, la suppression des angles morts, les dispositifs de désembuage et de dégivrage, l'augmentation de la portée des phares sont autant d'éléments qui ont notablement amélioré la vision du conducteur.

L'installation de rétroviseurs électrochromes évitant l'éblouissement par les phares des voitures suivantes ou la généralisation récente de la climatisation contribue également à l'accroissement de la sécurité. Car la climatisation ne représente pas, comme on le croit souvent, un simple élément de confort : une chaleur excessive augmente le nombre d'erreurs de conduite, émousse les réflexes et perturbe les tâches de guidage du véhicule. Les études démontrent que par une température ambiante de 30 °C, les sorties de route augmentent de 32 % par rapport à une température de 20 °C. Cependant, la climatisation n'est pas sans impact sur les émissions de CO_2. Elle induit une surconsommation énergétique d'environ 7 %, soit autant d'émissions de CO_2 supplémentaires.

Quant à la sécurité passive, destinée à limiter les conséquences d'un accident sur les occupants d'un véhicule, elle a également connu des développements considérables. Les dispositifs de protection directe déjà cités sont complétés par les structures déformables. Désormais, la structure d'une automobile est élaborée pour répondre à deux exigences complémentaires : l'absorption du choc par les parties avant et arrière conçues comme des zones à déformation programmée, et la protection des passagers par la rigidité de l'habitacle proprement dit, considéré comme une cage de sécurité.

La voiture intelligente

Profitant du développement de l'électronique, le couple ceinture à prétendeurs-airbag constitue aujourd'hui un élément crucial de la sécurité. Le mode de fonctionnement de l'airbag, coussin se gonflant en quelque 50 millisecondes par injection d'un gaz à très haute pression, s'est lui aussi beaucoup amélioré. Outre sa multiplication dans l'habitacle – on compte désormais des airbags conducteur, passagers, frontaux, latéraux…–, ce procédé est dorénavant équipé d'évents pilotés qui permettent à l'enveloppe de se dégonfler proportionnellement à la pression exercée contre elle par l'occupant. Il offre, en outre, une réponse modulée en fonction de la violence du choc, de la taille des occupants et de leur position dans le véhicule. L'airbag permet une réduction de 40 % des risques de lésions en cas de choc frontal. Cette faculté d'adaptation à des situations diverses traduit l'apport capital de l'électronique à la sécurité automobile, une contribution appelée à se développer massivement par le biais de différents systèmes d'aide à la conduite dont le précurseur fut l'ABS.

Le système Anti-Blocage de Sécurité (ABS, Anti-Blokier-System en allemand, en raison des premiers essais réalisés par l'équipementier allemand Bosch) est le pionnier de ces technologies dites « intelligentes » destinées à prévenir ou compenser les défaillances humaines. Désormais en série sur la plupart des modèles, l'ABS mesure par des capteurs, lors du freinage, la tendance au blocage des roues. En quelques millièmes de secondes, un calculateur adapte alors le freinage sur chacune d'entre elles, en fonction des informations recueillies.

Depuis peu, il est complété sur certains véhicules par un système de contrôle dynamique de stabilité, l'EPS (Electronic Stability Program). Celui-ci corrige automatiquement la trajectoire du véhicule, s'il détecte un écart entre les intentions du conducteur et la trajectoire réelle de la voiture. Un calculateur, relié à un gyromètre et à un capteur placé sur le volant, analyse en permanence l'adéquation entre l'angle de braquage du volant et la trajectoire du véhicule. En cas de sous-virage (l'avant dérape) ou de sur-virage (l'arrière dérape), ce système rétablit la trajectoire ad hoc en intervenant indépendamment sur chaque roue.

On compte trois facteurs principaux à l'origine d'un accident : l'environnement, le véhicule et le conducteur. En fait, le conducteur est impliqué dans plus de 90 % des cas et il est considéré comme la cause unique dans plus de 50 % des accidents. À cet égard, le recours massif à l'électronique devra éviter de déresponsabiliser l'automobiliste et il nécessitera une information et probablement une formation des usagers. L'exemple de l'ABS est instructif car il s'avère que bien des automobilistes s'imaginent pouvoir rouler plus vite en toute sécurité avec cet équipement. Par ailleurs, la plupart des automobilistes exploitent mal le potentiel de ce système. Pour fonctionner au mieux, l'ABS nécessite que le conducteur écrase la pédale de frein ; or dans 80 % des cas, les études comportementales montrent que celui-ci – craignant instinctivement de déraper – freine en deux temps et n'imprime pas une pression suffisante sur la pédale pour obtenir la décélération maximale.

Pour corriger ce réflexe, les constructeurs ont developpé un nouveau système, l'aide au freinage d'urgence (AFU ou BAS). Dès que le conducteur appuie rapidement sur la pédale lorsqu'il détecte une situation d'urgence, l'AFU compense sa timidité en amplifiant l'action de freinage jusqu'aux limites fixées par l'ABS. Le temps qui s'écoule entre la vue de l'obstacle et le freinage effectif est de l'ordre d'1 seconde. L'AFU permet de gagner 0,2 seconde sur ce temps de réaction soit une distance d'environ 6 mètres à 120 km/h.

De plus en plus, les progrès de l'électronique embarquée devraient donner naissance à d'autres systèmes de ce type.

Parmi ceux-ci, dont certains sont sur le point d'être opérationnels, on notera le suivi de trajectoire, l'évitement des obstacles et des collisions arrière, l'amélioration de la vision nocturne, ou encore la détection d'hypovigilance, qui, elle, prévient l'endormissement en analysant le mouvement des paupières par une caméra infrarouge.

Ainsi, dans le cadre de Prometheus (PROgraM for an European Traffic with Highest Efficiency and Unprecedented Safety), programme européen de recherches en matière de sécurité routière, les constructeurs ont allié leurs efforts pour mettre au point notamment des aides à la conduite de nuit. Parmi les solutions envisagées : des phares longue portée (200 mètres, contre une centaine pour les phares à halogène) constitués de faisceaux infrarouges détectant la présence d'obstacles peu visibles à l'œil nu sans éblouir les autres usagers, et une caméra sensible à ce type de rayonnement qui filmerait la scène ainsi éclairée et la restituerait sur un écran placé sur la planche de bord. Dans ce même domaine de l'amélioration de la visibilité et pour remédier, cette fois, à l'angle mort des rétroviseurs, un capteur de dépassement et une microcaméra intégrée au rétroviseur gauche pourraient repérer les véhicules déboîtant pour doubler la voiture et en informer le conducteur au moyen d'un signal sonore ou visuel.

Issu également de Prometheus, le système de suivi de voie (Lane Keeping) se compose d'une microcaméra installée à l'avant du véhicule pour filmer la chaussée, et d'un système de traitement d'images analysant la position de la voiture en fonction de la configuration de la route à partir des marquages au sol et du rayon des virages. Si le véhicule mord sur la bande blanche et menace de sortir de sa voie, un superviseur définit les corrections à apporter pour qu'il redresse sa trajectoire et fournit au conducteur une aide non autoritaire : un moteur électrique monté sur la colonne de direction transmet des vibrations dans le volant qui indiquent le sens des corrections à apporter. En outre, en cas d'urgence, un signal sonore se déclenche. La version 2001 de la Nissan Cima est le premier véhicule équipé d'un tel système de contrôle de trajectoire. Cette option, qui comprend également un régulateur de vitesse adaptatif (Adaptative Cruise Control), est facturée 4500 euros. Aux États-Unis, Ford commercialisera bientôt certains de ses véhicules avec un système similaire de contrôle latéral. Le procédé « Autovue » (du fabricant américain Iteris) permet, à l'aide de minicaméras et d'un système de reconnaissance des voies, d'avertir un conducteur en cas de changement involontaire de file. Aux États-Unis, environ 50000 véhicules Ford, Lincoln et Mercury seront équipés d'« Autovue » courant 2002. Selon la direction du groupe, le système devrait ensuite arriver en Europe pour les marques Ford, Jaguar, Mazda et Volvo. D'après Iteris, plus de 39 % des accidents mortels sur les routes américaines seraient liés à un changement intempestif de voie.

Nombreuses, les recherches actuelles portent aussi sur divers systèmes d'évitement des collisions en palliant le manque de visibilité par la détection de la présence d'un véhicule aux intersections ou arrivant à contresens. Elles s'intéressent également à l'application des commandes vocales à certaines fonctions de la conduite des véhicules.

Vers la route intelligente

À plus long terme, les recherches les plus innovantes en termes d'ITS (Intelligent Transport System) portent sur un dialogue constant entre la voiture et la route rendue elle aussi « intelligente », c'est-à-dire truffée de capteurs et équipée d'un calculateur centralisant l'ensemble des informations recueillies. On peut imaginer dès lors une circulation presque entièrement automatisée. Lancés au cours des années 1990, ces travaux commencent à porter leurs fruits. À cet égard, une expérience assez spectaculaire eut lieu en Californie en août 1997. Entre Los Angeles et San Diego, il s'agissait d'une des premières démonstrations d'« autoroute automatique ». Cinq voitures de série (le modèle Le Sabre de GM) furent en effet prises en charge automatiquement. Leur vitesse a pu atteindre 100 km/h tout en maintenant un écart constant de 5 mètres entre les véhicules. Les accélérations, ralentissements, changements de file étaient gérés par l'ordinateur de bord de chacune relié à celui de la gestion de la file grâce à des capteurs, un maillage serré de clous magnétiques dans la chaussée. Cette initiative fut mise en œuvre par le consortium NAHSC (National Automated Higway System), composé de constructeurs et d'équipementiers tels General Motors et Lookheed ainsi que plusieurs universités et agences fédérales. Ces travaux se poursuivent aujourd'hui en intégrant la haute précision de localisation que peut désormais apporter le GPS différentiel.

L'Europe a elle aussi engagé des recherches de ce type en partenariat avec les constructeurs. Parmi celles-ci, La Route Automatisée, programme français de recherche, associe de nombreux instituts, écoles et universités étrangères afin d'expérimenter diverses variantes d'aide à la conduite allant jusqu'à l'automatisation complète. Installé à Satory, non loin de Versailles, à l'ouest de Paris, le site de ce consortium comprend un circuit de 4 kilomètres de deux voies sur route droite, et un circuit de 2 kilomètres de route sinueuse. Une de ses réalisations fut le développement d'une technique de "conduite en convoi" de plusieurs voitures avec un seul conducteur et en l'absence d'infrastructure. Un scénario où toutes les voitures se suivaient à des distances rapprochées (temps d'intervalle de 0,3 seconde à n'importe quelle vitesse) avec une très grande précision latérale grâce à un système de vision breveté.

Le développement tous azimuts de l'électronique dans l'automobile pose néanmoins des questions dont la résolution est délicate. Comment, par exemple, partager le contrôle entre l'électronique et le conducteur? Aujourd'hui, lorsque celui-ci freine, il est d'ores et déjà dépendant de l'action du système électronique, mais jusqu'à quel point peut-on faire du conducteur un auxiliaire de sa voiture? Submergé d'informations, le conducteur, distrait ou désemparé, ne serait plus en mesure d'assumer son rôle. En matière d'ITS par ailleurs, la fiabilité des logiciels à l'œuvre est évidemment capitale. Un bug risquant d'avoir des conséquences fatales, l'application de ces systèmes passe donc par des recherches préalables sur la certification des logiciels. En outre, il faut aussi prendre en compte les cycles très différents de l'électronique et de l'automobile. La durée de vie d'une automobile est d'environ treize ans alors que l'électronique évolue tous les six mois. Autrement dit, si l'avenir est à l'électronique embarquée, il est aussi à des voitures conçues pour s'adapter à son rythme intense, capables de recevoir des mises à jour régulières et des modules substituables.

12

Vers un monde du silence

Au début de notre ère, l'empereur romain Claude interdisait déjà la circulation des chars sur les pavés urbains, obligeant les voyageurs à traverser les villes à pied, en chaise ou en litière… C'est dire si le bruit représente, de longue date, l'une des nuisances majeures reprochées à la circulation routière. Vingt siècles plus tard, rien ne semble avoir changé ou presque, le bruit arrivant toujours dans le peloton de tête des préoccupations de la population.

Des différentes définitions du bruit, on peut retenir celle de l'Afnor, qui le caractérise comme « un phénomène acoustique produisant une sensation auditive considérée comme désagréable et gênante ». Sans entrer ici dans les détails, signalons que l'intensité du son se mesure sur une échelle logarithmique de la puissance phonique perçue et s'exprime en décibels (dB). Il est avéré qu'une exposition régulière à des niveaux supérieurs à plus de 85 dB est dommageable pour la santé. Outre la surdité, elle provoque des effets extra-auditifs graves tels que l'hypertension artérielle et des maladies cardio-vasculaires. À titre indicatif, un vent léger émet 20 dB et produit une sensation de calme. Quant au bruit d'une conversation, il est compris entre 40 et 60 dB, et celui d'une rue animée, déjà jugé fatigant, entre 70 et 80 dB. Au-delà, le bruit devient insupportable – un marteau-piqueur émet 100 dB –, et même douloureux lorsqu'il s'agit, par exemple, du décollage d'un avion à réaction (120 dB).

La lutte contre le bruit

La fin du XIXe siècle est marquée par un progrès important : l'apparition du cerclage des roues des fiacres avec des bandages en caoutchouc, lesquels supplantent définitivement le cerclage en fer, moins souple et beaucoup plus bruyant. Les premières automobiles naissent à cette époque et les coups de corne intempestifs de leurs chauffeurs sont immédiatement dénoncés comme autant d'atteintes à la sécurité, « d'autos homicides » disait-on à l'époque, en raison de nombreux accidents survenus avec des chevaux cabrés et incontrôlables, affolés par ces bruits aussi inédits qu'effroyables. Ce n'est qu'avec le développement massif du trafic automobile qu'apparaîtront les premiers règlements, au cours des années 1950, lesquels ne portent alors que sur les caractéristiques des avertisseurs sonores.

Aujourd'hui, la réglementation européenne concernant le bruit extérieur des véhicules est la plus sévère du monde. Depuis la première norme entrée en vigueur en 1970, le niveau maximal autorisé est en effet passé de 82 dB à 74 dB, soit une division par six environ du bruit émis : une voiture des années 1970 émettait donc autant de bruit que six voitures d'aujourd'hui. La future norme à l'étude envisage d'abaisser ce seuil à 71 dB, ce qui correspond à une diminution très sensible. Réduire le bruit externe de 3 dB comme le prévoit la future législation revient, en effet, à diviser son intensité par deux !

Plusieurs véhicules mis récemment sur le marché – des hybrides mais aussi des motorisations essence et même Diesel – n'émettent pas plus de 71 dB. Ils sont, autrement dit, deux fois moins bruyants que ne l'impose la norme européenne. Ainsi, le silence n'est plus désormais le privilège exclusif des véhicules électriques. Parmi les participants de l'édition 2000 du Challenge Bibendum, c'est d'ailleurs un véhicule hybride qui a obtenu les meilleurs résultats avec un niveau sonore mesuré à 68 dB.

Le bruit d'une automobile relève essentiellement de deux sources. La première, interne au véhicule, est due aux vibrations mécaniques, celles du moteur et de la boîte de vitesses notamment, mais aussi à l'écoulement de l'air dans les circuits d'admission et d'échappement du moteur. La seconde est externe et recouvre les bruits liés à l'aérodynamisme provoqués par le contact de l'air sur le véhicule ainsi que les bruits de roulement, générés par le contact des pneumatiques avec la chaussée.

Les vibrations mécaniques

Comment réduire ces bruits ? La question est infiniment complexe. Concernant les bruits mécaniques, l'usage de matériaux acoustiques spécifiques alourdit considérablement le véhicule et augmente sa consommation. Utilisée entre autres dans le garnissage du capot moteur, cette solution ne saurait par conséquent être systématisée. C'est pourquoi constructeurs et équipementiers privilégient le traitement des bruits à la source par une meilleure combustion du carburant ainsi qu'une transmission et un échappement optimisés. Il s'agit aussi de minimiser les vibrations et d'en limiter leur propagation. Pour ce faire, il est possible par exemple de rigidifier la paroi de tôle d'une pièce en la nervurant. Néanmoins, pour que cette intervention soit efficace, il faut procéder ainsi sur l'ensemble ou presque des pièces du véhicule car elles sont toutes à divers degrés impliquées dans la chaîne du bruit.

La liaison pneus/chaussée

Aux vitesses urbaines, compte tenu des progrès réalisés sur les moteurs, les bruits de roulements sur la chaussée participent aujourd'hui pour près de 50 % au bruit d'une voiture. Dans le domaine des pneumatiques, en vingt ans Michelin a divisé par quatre les émissions sonores dues à la liaison pneu-sol. Les études en cours démontrent qu'une optimisation de la dimension des pneus, du dessin des sculptures et de la composition du pneu permettrait encore des gains de l'ordre de 3 à 4 dB. Mais là aussi, la question est complexe car certaines exigences sont contradictoires. Il s'agit de trouver un équilibre satisfaisant entre l'impératif de réduction du bruit et celui de la sécurité attendue des performances d'un pneumatique. Plus sa bande de roulement est large, plus un pneu est bruyant mais, en revanche, cette largeur est indispensable tant à une bonne propulsion qu'à une sécurité satisfaisante.

Par ailleurs, l'influence du type de revêtement sur le niveau sonore émis par le contact du pneumatique avec la chaussée n'est pas anodine. Depuis quelques années, les constructeurs de routes mettent sur le marché des produits spécialement adaptés à la voirie urbaine. Ils contiennent des matériaux légers, comme la poudrette de caoutchouc, issus des pneus usagés broyés, contribuant à rendre le revêtement moins bruyant. Ces revêtements, dits « acoustique », deviennent plus coûteux, mais ils atténuent le bruit de roulements de 5 à 6 dB à 90 km/h, ce qui représente un gain très significatif pour les riverains et explique leur utilisation prioritaire dans les lieux les plus sensibles, tels les boulevards périphériques ou à proximité des hôpitaux.

Ce panorama des moyens de réduction des émissions sonores serait incomplet sans la prise en compte des bruits dits « de comportement » qui ont des effets dévastateurs sur la perception que peuvent avoir les riverains du trafic routier. Fruit d'une attitude où se conjuguent incivisme et égoïsme, faire vrombir son moteur au feu rouge, démarrer sur les chapeaux de roues, klaxonner à tout-va, tout cela provoque des nuisances que la technologie ne peut résoudre.

13

À la conquête des consommateurs

Y a-t-il quelqu'un pour piloter la voiture propre ? La question, moins évidente qu'il n'y paraît, est incontournable dans tous les pays fortement motorisés. En dernier ressort en effet, l'avenir des véhicules propres semble étroitement dépendant, non pas de la seule volonté des constructeurs et des pouvoirs publics, ou encore de l'état de l'art en matière d'innovation technologique, mais bien de l'existence de débouchés commerciaux significatifs – bref, d'un véritable marché. Or, précisément, dans les pays développés fondant leur dynamique sur celle de l'offre et de la demande, bien qu'il soit patent qu'une offre initiale de voiture propre se mette progressivement en place au fil des années, la demande, quant à elle, semble peiner à s'exprimer largement.

Désintérêt sans appel des consommateurs ? Flagrante absence de réceptivité du conducteur que nous sommes tous à la thématique pourtant éminemment « citoyenne » de la protection de l'environnement ? Pas si simple. Avec l'apparition ces trente dernières années, dans les pays industrialisés du Nord, comme dans les pays émergents, d'une réelle sensibilité « écologique », plus personne ou presque, aujourd'hui, ne se risque décemment à opposer l'ignorance ou l'indifférence aux enjeux cruciaux et planétaires de la protection du patrimoine environnemental.

Mais simultanément – coïncidence historique ou non – se sont ancrés dans la réalité contemporaine des pays développés des faits sociaux (pratiques nouvelles de consommation, affirmation de valeurs liées à l'individualisme et à l'indépendance) qui, conjugués les uns aux autres, placent désormais l'automobile au tout premier rang des produits symboles de notre vie quotidienne à l'orée du XXIe siècle.

Rien d'un hasard, par exemple, si une étude récente consacrée à la perception par les Français des « objets du siècle[1] » aboutissait, sur une liste de cent innovations majeures du siècle écoulé, au classement de la voiture en deuxième position du palmarès, certes après la machine à laver le linge, mais avant le téléphone, les antibiotiques ou la télévision.

En d'autres termes, l'automobile, en trois ou quatre décennies d'intense « démocratisation » (du moins en Europe et au Japon, le phénomène s'étant historiquement produit un peu plus tôt en Amérique du Nord), est bien devenue un référent structurel indissociable de l'existence ordinaire de tout un chacun. Outil de déplacement, instrument de liberté, facteur de progrès social, expression d'un statut, accessoire-plaisir, support d'une recherche identitaire, voire, comme le suggérait dès le début des années 1970 l'écrivain britannique J. G. Ballard, dans son roman *Crash,* prothèse et prolongement cybernétique de l'inconscient humain, les fonctions pratiques et/ou symboliques dont on l'investit sont plurielles et probablement sans limites.

1. Étude BVA pour le magazine *Science & Vie*, décembre 2000.

Le thème de la liberté, en particulier, est récurrent. D'après un sondage réalisé pour le Comité des constructeurs français d'automobiles[1], 86 % des Français interrogés craignaient une restriction de leur liberté, et 89 % une réduction de leur mobilité, en empruntant les transports collectifs. De même, le rôle joué par l'automobile dans l'émancipation des femmes au cours du dernier demi-siècle n'est pas négligeable : la liberté, encore, est la première des valeurs associées par la population féminine à l'usage de la voiture. Elle est citée par 98 % des femmes, autrement dit une quasi-unanimité[2]. À cet égard, il convient de rappeler que la progression soutenue du nombre de femmes actives depuis la décennie 1970 a largement contribué à la bimotorisation des ménages et ce phénomène explique, en partie, l'accroissement du volume des transports quotidiens en automobile : + 64 % ces quinze dernières années, alors qu'au cours de la même période la part des transports collectifs, bénéficiant pourtant d'une politique soutenue d'équipements via les pouvoirs publics, évoluait très peu : ils représentent aujourd'hui à peine un trajet sur dix.

Quant aux jeunes, toutes les études établissent que la voiture représente une étape incontournable dans le processus de leur émancipation : ainsi, entre dix-huit et dix-neuf ans, 80 % d'entre eux sont titulaires du permis de conduire… et parmi ceux qui ne l'ont pas encore, 17 % envisagent de le passer. Total : 97 %, une autre unanimité[3]. Bref, en tout état de cause, tout

1. Étude CSA Opinion pour l'assemblée des présidents de conseils généraux, 1999.

2. Étude Sofres « Les Françaises et leur voiture » pour la Fédération française des Automobile Clubs (FFAC), décembre 1999.

3. Étude Sofres « Les jeunes et l'automobile » pour la Fédération française des Automobile Clubs (FFAC), septembre 2000.

individu ou presque résidant aujourd'hui dans un pays du Nord se révèle (y compris les enfants, dont le rôle prescripteur a largement été démontré) un consommateur actif (et affectif, pourrait-on ajouter) d'automobile.

L'ensemble de ces données influe très largement, bien entendu, sur les actuels comportements vis-à-vis de la voiture propre. Ainsi, l'attachement au « fait automobile » – véritablement assimilé et vécu comme une composante dorénavant inséparable, presque inaliénable de la « vie moderne » –, est en effet, aujourd'hui si fort, si puissant qu'il induit chez les conducteurs occidentaux ce qui apparaît bel et bien comme un conflit d'allégeances.

D'une part, la « fibre écologique » réclame ou agrée l'idée d'actions concrètes pour un meilleur respect de l'environnement, fût-ce au prix de réglementations plus contraignantes à l'échelle de la collectivité. De l'autre, un réflexe culturel façonné par la prégnance de l'automobile dans la sphère privée écarte toute hypothèse de limitation, voire de simple modification, de l'usage de l'automobile comme une forme de « régression », irrecevable sinon inconcevable. On voit clairement, dès lors, en quoi l'ambition incarnée par la voiture propre (contribuer collectivement à l'émergence d'un futur plus vivable) vient heurter de front les habitudes individuelles.

Citoyen, tout le monde l'est. Mais conducteur-consommateur, chacun l'est aussi. Ces deux identités ont visiblement bien du mal à concilier des intérêts parfois divergents. Cette ambivalence du grand public, partagé entre les opinions et les décisions, les intentions et les actes, est patente dans les diverses études d'évaluation – pour l'heure peu nombreuses, mais néanmoins éloquentes – sur le thème de la voiture propre.

Ainsi une enquête menée en octobre 1997[1] souligne-t-elle une parfaite conscience des atouts des voitures propres chez les personnes interrogées, mais indique, simultanément, une faible motivation pour leur achat, du moins à court terme. Cependant cette motivation évolue dans les déclarations mises en évidence par d'autres études plus récentes.

En juin 2000, dans un sondage réalisé pour le Challenge Bibendum[2], les trois quarts des Français se disaient prêts à acheter une voiture plus chère s'ils avaient la garantie qu'elle ne pollue pas ou presque. 35 % d'entre eux s'affichaient même « catégoriques » dans cette disposition d'achat citoyen. C'est une proclamation tout aussi édifiante que restituait en juin 2001 un sondage publié par le *Los Angeles Times* : 55 % des Américains seraient « très favorables à des mesures qui rendraient les Sport Utility Vehicles (SUV) et les pick-up économiques en carburant même si le prix de ces véhicules devait augmenter considérablement ».

Si la demande peine toutefois à s'exprimer, c'est sans doute en premier lieu que l'offre – naissante – est encore restreinte et parfois contraignante. Elle souffre, pour l'heure, de handicaps sur au moins trois terrains : le coût, l'autonomie qui concerne spécifiquement les véhicules électriques, et la difficulté d'approvisionnement des carburants alternatifs aux hydrocarbures classiques.

1. Étude Ifop pour le Syndicat intercommunal pour le gaz et l'électricité en Île-de-France (Sigeif), octobre 1997. 93 % de la population interrogée estime que l'utilisation de véhicules propres serait efficace (« très efficace » 46 %, « plutôt efficace » 47 %) « pour lutter contre la pollution atmosphérique dans les villes ». Une majorité écrasante. Mais, dans le même sondage, à la question « Vous personnellement, à prix égal, avez-vous l'intention d'acheter une voiture propre dans les deux ans qui viennent ? », ils ne sont plus que 19 % à répondre « Oui, certainement » et 27 % à répondre « Oui, probablement ».

2. Étude Sofres « Les Français et les véhicules propres » pour le Challenge Bibendum, juin 2000.

Ainsi pour le GPLc, carburant effectivement « plus propre », peut-on vraiment garantir aujourd'hui à l'automobiliste disposé à s'y « convertir » qu'il pourra aisément faire le plein où il le veut, quand il le veut et surtout quand il en aura besoin ? Voilà une interrogation qui préoccupe naturellement les usagers. Le sondage d'octobre 1997, évoqué plus haut, abordait aussi la question des freins à l'achat. Au nombre des deux premiers motifs s'opposant à l'acquisition d'un véhicule GPL, les personnes interrogées citaient dans l'ordre le « coût d'acquisition trop élevé » (42 %) et « pas assez de points de distribution de carburant » (36 %). Quant aux raisons qui auraient pu les faire changer d'avis et les inciter à ce type d'achat, les mêmes personnes citaient une « aide à l'achat » (43 %), la « multiplication des points de distribution de carburant » (42 %) et une « fiscalité avantageuse » (36 %). CQFD. Notons toutefois que le nombre de stations-service proposant aujourd'hui du GPLc a augmenté depuis cette enquête.

En matière de coût, l'exemple de la Lupo 3L se suffit presque à lui-même : 14 560 euros, soit pratiquement le double du modèle d'entrée de gamme, l'investissement est lourd pour ce poids plume économe en carburant.

En termes de performances enfin, il est flagrant que la confidentialité caractérisant la diffusion des véhicules électriques tient à une autonomie jusqu'à présent insuffisante. Mais cette sous-performance qui les a momentanément disqualifiés aux yeux des particuliers s'effacera progressivement avec les progrès en cours sur les batteries.

Les efforts des constructeurs pour concevoir des voitures propres, moins polluantes, plus « intelligentes » et plus sûres, qui vont maintenant se concrétiser par la commercialisation imminente de nouvelles générations d'automobiles, devraient cependant infléchir de manière plus significative la demande. Gardons à l'esprit que la sécurité, il y a vingt ans encore, n'était pas une caractéristique déterminante dans le choix d'une automobile. Elle l'est devenue insensiblement et il en sera de même pour l'argument écologique, appelé à devenir un élément clé de la communication des constructeurs. Cherchant à stimuler la demande, les pouvoirs publics sont désormais dans une dynamique d'incitation fiscale. En décembre 2000, les députés français votaient à l'unanimité la disposition d'accorder 1 500 euros de crédit d'impôts pour l'achat d'un véhicule propre. Quant aux mesures du plan d'action sur l'énergie annoncées par George Bush en mai 2001, elles prévoient une déduction fiscale comprise entre 1 000 et 4 000 dollars pour l'acquisition d'un véhicule hybride ou à pile à combustible.

Aux États-Unis, et particulièrement en Californie, le succès de la Toyota Prius établit incontestablement le frémissement du marché des véhicules propres. En effet, ce véhicule hybride aux performances comparables à celles d'une voiture traditionnelle – et proposé à un prix abordable (19 995 dollars) – s'est vendu depuis son lancement, en juillet 2000, à quelque 12 000 exemplaires. Ce score, obtenu en moins d'un an, représente plus du double du parc actuel des véhicules électriques, lesquels sont sur le marché américain depuis une décennie. On peut, certes, considérer ce phénomène comme marginal en regard du volume des immatriculations aux États-Unis, mais il serait sans doute plus significatif si la vente de ce modèle n'était pas actuellement limitée à 1 000 exemplaires par mois, en raison de la fabrication en petite série de ses batteries. Ce handicap n'entame d'ailleurs en rien l'attrait qu'exerce aujourd'hui la Prius. Au contraire, celui-ci ne se dément pas, bien que son futur acquéreur soit dorénavant contraint de s'inscrire sur une liste d'attente pour espérer être livré, au mieux, six mois plus tard. Phénomène sans précédent aux États-Unis, cette voiture a été distinguée par le Sierra Club, la plus ancienne organisation écologiste américaine, qui compte 700 000 membres. C'est la première fois, en effet, qu'une automobile s'est vu attribuer le « Sierra Club Award for Excellence in Environmental Engineering ». « Cette voiture nous prouve que la technologie est désormais à même de réduire considérablement la pollution des voitures américaines », a déclaré alors Dan Becker, directeur du programme « Effet de serre » du Sierra Club.

Les voitures propres sont là, et si les constructeurs et les pouvoirs publics poursuivent le dialogue entamé, nul doute qu'elles deviendront rapidement le nouveau standard automobile.

Table

Cet ouvrage a été composé par les Ateliers du Dragon
Impression réalisée sur CAMERON par

BUSSIÈRE CAMEDAN IMPRIMERIES
GROUPE CPI

à Saint-Amand-Montrond (Cher)
pour le compte des Éditions Hoëbeke
en septembre 2001

N° d'impression : 013763/1.
Dépôt légal : septembre 2001.

Imprimé en France

ISBN 2-84230-127-7